essentials

Essentials liefern aktuelles Wissen in konzentrierter Form. Die Essenz dessen, worauf es als „State-of-the-Art" in der gegenwärtigen Fachdiskussion oder in der Praxis ankommt. Essentials informieren schnell, unkompliziert und verständlich.

- als Einführung in ein aktuelles Thema aus Ihrem Fachgebiet
- als Einstieg in ein für Sie noch unbekanntes Themenfeld
- als Einblick, um zum Thema mitreden zu können.

Die Bücher in elektronischer und gedruckter Form bringen das Expertenwissen von Springer-Fachautoren kompakt zur Darstellung. Sie sind besonders für die Nutzung als eBook auf Tablet-PCs, eBook-Readern und Smartphones geeignet.

Essentials: Wissensbausteine aus Wirtschaft und Gesellschaft, Medizin, Psychologie und Gesundheitsberufen, Technik und Naturwissenschaften. Von renommierten Autoren der Verlagsmarken Springer Gabler, Springer VS, Springer Medizin, Springer Spektrum, Springer Vieweg und Springer Psychologie.

Oliver D. Doleski • Klaus Lorenz
(Hrsg.)

Energie der Alpen

Grundlagen und Zusammenhänge nachhaltiger Energieversorgung in der Alpenregion

Unter Mitarbeit von Dr. Josef Gochermann, Regina Haas-Hamannt, Thomas Krämer und Thomas Pflanzl

Herausgeber
Oliver D. Doleski
Ottobrunn
Deutschland

Klaus Lorenz
Lorenz Kommunikation
Grevenbroich
Deutschland

ISSN 2197-6708 ISSN 2197-6716 (electronic)
essentials
ISBN 978-3-658-08382-3 ISBN 978-3-658-08383-0 (eBook)
DOI 10.1007/978-3-658-08383-0

Die Deutsche Nationalbibliothek verzeichnet diese Publikation in der Deutschen Nationalbibliografie; detaillierte bibliografische Daten sind im Internet über http://dnb.d-nb.de abrufbar.

Springer Vieweg

Gedruckt auf säurefreiem und chlorfrei gebleichtem Papier

Springer Fachmedien Wiesbaden ist Teil der Fachverlagsgruppe Springer Science+Business Media
(www.springer.com)

Was Sie in diesem Essential finden können

- Einführung in die vielfältigen Facetten alpiner Energieversorgung
- Komprimierte Vorstellung energiewirtschaftlicher Zusammenhänge im Alpenkontext
- Perspektivische Ansätze einer nachhaltigen Energiezukunft der Alpenländer
- Präsentation ganzheitlicher, bürgernaher Konzepte einer zukünftigen Versorgung des Alpenraums
- Die Ziele der Initiative „Die Energie der Alpen"

Vorwort

Die nachhaltige und sichere Versorgung moderner Gesellschaften mit Strom und Wärme zählt zu den zivilisatorischen Herausforderungen unserer Tage. Als einzigartiger Natur- und Kulturraum ist die Alpenregion von landschaftsverändernden Eingriffen der Energiewirtschaft besonders betroffen. Die Kernfrage lautet, kann bzw. soll der Alpenraum perspektivisch zu einer europäischen Energiekonzeption beitragen und wie kann dies geschehen, ohne den Lebensraum Alpen zu gefährden.

Das vorliegende Buch soll im handlichen Format den interessierten Leser in die Grundlagen und Zusammenhänge heutiger Energieversorgung der Alpenregion einführen. Die Autoren haben es sich zum Ziel gesetzt, auf wenigen Seiten allen an einer nachhaltigen Versorgung des Alpenraums mit Strom und Wärme Interessierten sowohl die technisch-wirtschaftlichen als auch die ökologisch-gesellschaftlichen Zusammenhänge kurz darzustellen. Dabei sollen nicht subjektive Meinungsbilder oder Wertvorstellungen transportiert, sondern vielmehr ein fundiertes Problembewusstsein für eine verantwortungsbewusste, länderübergreifende Energieversorgung im Alpenraum geschaffen werden.

„*Energie der Alpen – Grundlagen und Zusammenhänge nachhaltiger Energieversorgung in der Alpenregion*“ bietet den Lesern einen schnellen Einblick in die wesentlichen Handlungsfelder alpiner Energieversorgung. Ohne inhaltlich in die Tiefe zu gehen, richtet sich dieser Beitrag ganz bewusst an energieinteressierte Bürgerinnen und Bürger, die in der Alpenregion zu Hause sind oder sich dieser einzigartigen Bergregion Europas verbunden fühlen. Aber auch Energieexperten werden das Buch mit Gewinn lesen können, sollten jedoch die grundlegende Beschreibung energiewirtschaftlicher Zusammenhänge des zweiten Kapitels nur am Rande streifen und sich auf das übrige Spektrum praxisrelevanter Inhalte konzentrieren.

Ottobrunn, Grevenbroich
im Januar 2015

Oliver D. Doleski
Klaus Lorenz

Inhaltsverzeichnis

Über die Autoren

Oliver D. Doleski agiert branchenübergreifend als Unternehmensberater in den Bereichen Unternehmensführung und Prozessmanagement. Nach verschiedenen leitenden Funktionen, u. a. beim deutschen Weltmarktführer der Halbleiterindustrie, widmet er sich derzeit in der Energiewirtschaft neben seiner Tätigkeit in einem Beratungsunternehmen den Themen Smart Market und Energieversorgung der Alpenregion. In diesem Zusammenhang liegt sein Forschungsschwerpunkt im Bereich der Geschäftsmodellentwicklung. Er ist Mitglied zweier energiewirtschaftlicher Fachkommissionen und Autor zahlreicher Publikationen.

Dr. Josef Gochermann wirkt als Hochschullehrer und Unternehmer seit vielen Jahren als ausgewiesener Netzwerkexperte. Als Professor lehrt er an der Hochschule Osnabrück Marketing & Technologiemanagement, als Gründer und Geschäftsführer der LOTSE GmbH begleitet er technologieorientierte Unternehmen und Organisation bei der Entwicklung von Innovationen und bei der Erschließung neuer Märkte. In den vergangenen mehr als zehn Jahren hat er zahlreiche Netzwerke mit aufgebaut, moderiert und wissenschaftlich untersucht. Darüber hinaus ist er seit drei Jahrzehnten in unterschiedlichen Funktionen in der Energiewirtschaft und der Energiepolitik aktiv.

Regina Haas-Hamannt arbeitet als Referentin der Geschäftsleitung der GS1 Germany GmbH. In dieser Funktion vereint sie in ihrer täglichen Praxis die unterschiedlichen Interessen von Handel und Industrie miteinander. Sie managt das Innovationsmanagement sowie den renommierten „ECR Award" von GS1 Germany. Zuvor hat die Politologin in Brüssel als Referentin für maritime Wirtschaft die Interessen des deutschen Mittelstands bei der EU vertreten. Dabei hat sie u. a. die Erarbeitung der makro-regionalen Strategie für die Ostsee begleitet.

Thomas Krämer ist Gründer und Geschäftsführer von ontopica. Seit 2006 hat er mit unterschiedlichen öffentlichen und privatwirtschaftlichen Auftraggebern Verfahren zur E-Partizipation entwickelt und begleitet, in denen Planungsprozesse abgebildet und unterschiedliche Akteursgruppen involviert werden, darunter integrierte ländliche und städtische Entwicklungskonzepte und Lärmaktionsplanungen. Mit dem „Regionalen Energiekonzept Oderland-Spree" hat er 2012 in Kooperation mit agrathaer das bundesweit erste Energiekonzept mit frühzeitiger Akteursbeteiligung über das Internet umgesetzt.

Klaus Lorenz führt seit 1999 die Kommunikationsagentur Lorenz Kommunikation und ist mit seinen Mitarbeiterinnen und Mitarbeitern u. a. spezialisiert auf das Thema Erneuerbare Energien. Durch seine langjährige nationale und internationale Tätigkeit verfügt er über ein breites Netzwerk in Wirtschaft, Wissenschaft, Politik und Verbänden im In- und Ausland. Gemeinsam mit dem Unternehmen Anne Lorenz Management & Events bietet er eine breite Erfahrung in der Presse- und Öffentlichkeitsarbeit, der Kommunikationsstrategieberatung sowie im Veranstaltungswesen.

Thomas Pflanzl ist Erdgasexperte mit umfangreicher Projekterfahrung in der Förderung und dem Vertrieb von Erdgas, im Geschäft mit verflüssigtem Erdgas, bei der Entwicklung von Gasspeichern oder Gastransportnetzen und beim Einsatz von Erdgas in Industrie und GuD-Kraftwerken. Neben seiner Tätigkeit als Key Account Manager eines großen österreichischen Wasserkrafterzeugers beschäftigt er sich heute insbesondere mit der Rolle von Erneuerbaren Energien jenseits von Erdgas und der Verwendung alpiner Pumpspeicher als „grüne Batterie" für Windstrom.

1 Energie der Alpen – mehr als eine Frage der Technik

Oliver D. Doleski und Klaus Lorenz

Im Herzen Europas erstreckt sich über einen etwa 1.200 km langen Bogen vom Golf von Genua bis zur Donau im Gebiet des Pannonischen Beckens die *Bergregion der Alpen*. Dieser einzigartige Natur- und Kulturraum umfasst gemäß AEIOU[1] eine Gesamtfläche von etwa 220.000 km^2, wovon insgesamt 190.600 km^2 zum direkten Geltungsbereich der bedeutenden *Alpenkonvention* zählen. Der Alpenbogen dehnt sich über das Gebiet der acht Alpenländer und Alpenanrainerstaaten Frankreich, Monaco, Italien, Schweiz, Liechtenstein, Deutschland, Österreich und Slowenien in der in Tab. 1.1 dargestellten Verteilung aus. Rund 14 Mio. Menschen leben in diesem durch die Alpenkonvention erfassten, von kultureller und sprachlicher Vielfalt geprägten, alpinen Lebens-, Wirtschafts- und Erholungsraum. Damit zählen die Alpen mit einer rechnerischen Bevölkerungsdichte bezogen auf die Gesamtfläche von durchschnittlich etwa 70 Einwohnern pro Quadratkilometer zwar zu den weniger dicht besiedelten Regionen der Erde. Wird allerdings bei der Berechnung der Bevölkerungsdichte nur der tatsächlich nutzbare Siedlungsraum

[1] AEIOU ist das Akronym des Online-Nachschlagewerks „**A**nnotierbare **E**lektronische **I**nteraktive **O**esterreichisches **U**niversal-Informationssystem" (http://austria-forum.org/af/AEIOU/Alpen).

O. D. Doleski (✉)
Ottobrunn, Deutschland
E-Mail: doleski@t-online.de

K. Lorenz
Grevenbroich, Deutschland
E-Mail: k.lorenz@lorenz-kommunikation.de

O. D. Doleski, K. Lorenz (Hrsg.), *Energie der Alpen*, essentials,
DOI 10.1007/978-3-658-08383-0_1

Tab. 1.1 Fläche und Bevölkerung des Geltungsbereichs der Alpenkonvention. (Quelle: Alpenkonvention (2014b). Vertragsparteien der Alpenkonvention. http://www.alpconv.org/de/organization/parties/default.html (zugegriffen am 26.09.2014))

	Fläche	Bevölkerung
ALPENRAUM	190.600 km^2 *davon*	13,9 Mio. *davon*
Österreich	28,7 %	23,9 %
Italien	27,3 %	30,1 %
Frankreich	21,4 %	18,0 %
Schweiz	13,2 %	12,8 %
Deutschland	5,8 %	10,1 %
Slowenien	3,5 %	4,7 %
Liechtenstein	0,08 %	0,2 %
Monaco	0,001 %	0,2 %

zugrunde gelegt, so muss die Alpenregion tatsächlich zu den dichtest besiedelten Landschaften weltweit gezählt werden. Neben geologischen und klimatischen Faktoren wird der Alpenraum schon seit Beginn menschlicher Besiedlung vor allem durch anthropogenes Handeln beeinflusst. Infolgedessen kann die heutige biologische und landschaftliche Vielfalt auch als Ergebnis einer jahrtausendealten Bewirtschaftung durch den Menschen betrachtet werden.[2]

Charakterisierten in den vergangenen Jahrhunderten in erster Linie Landwirtschaft und Bergbau die ökonomische Nutzung der Alpenregion, so setzte spätestens mit Beginn des 20. Jahrhunderts eine deutliche Ausweitung wirtschaftlichen Handelns ein. Im Zuge epochaler gesellschaftlicher und technischer Umwälzungen traten im Windschatten der aufkommenden Industrialisierung des europäischen Kontinents weitere Wirtschaftssektoren wie Tourismus, Transportlogistik und Verkehr, Holzindustrie und die großtechnische Energieerzeugung zusätzlich auf den Plan.

Energie im Alpenraum – Lebenselixier und Fluch zugleich?

Neben Wasser zählt Energie zu den wichtigsten *Lebensgrundlagen* heutiger Zivilisationen. Auch im dicht besiedelten und ökonomisch intensiv genutzten Alpenraum kommt der sicheren Versorgung mit Strom und Wärme eine wichtige Rolle zu. Angesichts der beinahe 14 Mio. zu versorgenden Bewohner und einer prosperierenden Wirtschaft werden in den Alpen täglich sehr große Energiemengen verbraucht. Wie andernorts auch haben sich die Menschen des in Abb. 1.1 zur besseren Orientierung dargestellten Gebiets zwischen Provence-Alpes-Côte d'Azur, Aargau, Oberbayern, Lombardei, Steiermark und Kranjska an ein „auf Knopf-

[2] Vgl. Alpenkonvention (2014b) und CIPRA (2014).

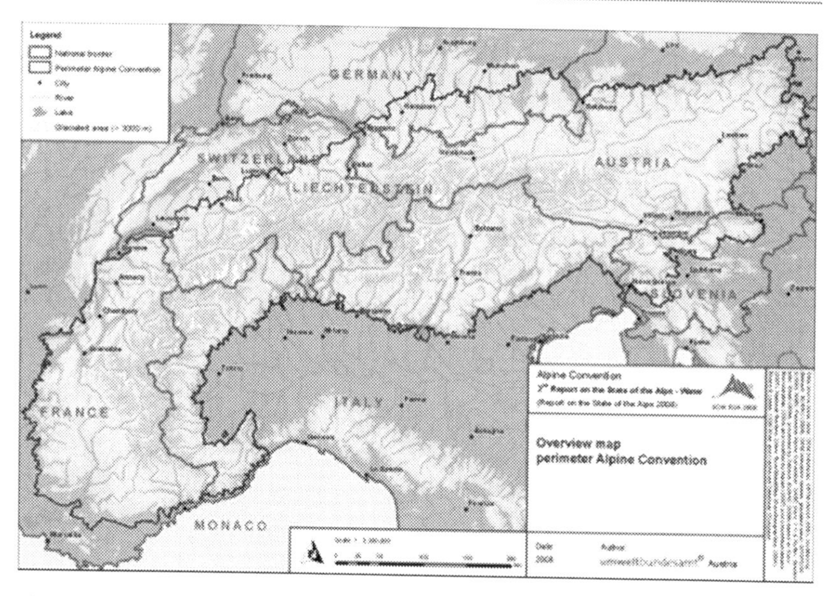

Abb. 1.1 Räumlicher Geltungsbereich der Alpenkonvention

druck" funktionierendes Leben seit Jahrzehnten gewöhnt. Man muss kein Prophet sein, um vorherzusehen, dass auch in Zukunft Energie ihren hohen Stellenwert im täglichen Leben der Menschen beibehalten wird. So müssen trotz großer Anstrengungen im Bereich notwendiger Energieeinsparungen und Energieeffizienzmaßnahmen auf absehbare Zeit Strom und Wärme weiterhin in großem Maßstab bereitgestellt werden. Erst recht, wenn man an die umliegenden Metropolregionen wie München, Turin, Wien, Basel oder Nizza denkt. Diese werden in der von der EU ab Herbst geplanten Makroregion Alpen als zum Alpenraum zugehörig betrachtet. In ihr leben und arbeiten rund 70 Millionen Menschen.

Denken wir an alpine Energieversorgung, haben wir Bilder im Kopf. Zumeist sind es Bilder von Raffinerien, Kraftwerken, Kühltürmen, Hochspannungsleitungen, Umspannwerken, Stauseen und weiteren Infrastrukturanlagen der Versorgungswirtschaft inmitten einer ansonsten atemberaubend schönen Landschaftskulisse. Allesamt Anlagen, ohne die einerseits eine stabile Energieversorgung insbesondere urbaner Zentren nach dem heutigen Stand der Energietechnik (noch) nicht realisierbar erscheint, die aber andererseits erhebliche Eingriffe in den schützenswerten Alpenraum bedeuten. So prallen Ökologie und Ökonomie in den Alpen mitunter mit besonderer Vehemenz aufeinander. Es liegt auf der Hand, dass in der Schönheit des alpinen Geländes gleichzeitig ihr Fluch begründet liegt. Das mag zunächst paradox erscheinen. Bei näherem Hinsehen ist jedoch leicht nachzuvollziehen, dass die ökologisch reizvollen Alpentäler mit ihren enormen Höhenunterschieden nicht nur zum Wandern und Skifahren einladen, sondern sich vielmehr auch hervorragend für die großvolumige Speicherung kinetischer als Vorstufe elektrischer Energie mittels Pumpspeicherkraftwerken eignen.

Die deutsche Energiewende erreicht den Alpenraum

Das Schreckensszenario der „Alpen-Batterie" mit zahlreichen überfluteten Bergtälern und massiven Stauwerken aus Beton beherrscht immer mehr die energiepolitische Diskussion in den Alpenländern. Gerade vor diesem Hintergrund gilt es mehr denn je Lösungen zu finden, wie die Bevölkerung in den kommenden Jahrzehnten sicher mit Strom und Wärme versorgt werden kann, ohne dabei gleichzeitig die Naturregion Alpen nachhaltig zu gefährden. Eine Fragestellung, die exemplarisch im Bereich der Elektrizitätsversorgung in den nächsten Dekaden vor dem Hintergrund der *deutschen Energiewende* einen signifikanten Bedeutungszuwachs erfahren dürfte. So ist im Falle der Stromwirtschaft die vermehrte Nutzung regenerativer, schwankender Energie für die existierenden Versorgungsnetze und deren Steuerung mit großen Herausforderungen verbunden. Immer häufiger wird das Stromnetz an seiner Kapazitätsgrenze gefahren. Die Integration großer Mengen dezentral erzeugter, schwankender Elektrizität ist zum einen nur mit Hilfe eines umfassenden Ausbaus des Netzes inklusive stabilisierend wirkender flächenintensiver (Groß-)Speicher und zum anderen durch eine angebotsabhängige Steuerung von Stromerzeugung und Stromverbrauch realisierbar.

Bekenntnis zu einer nachhaltigen Energieversorgung in der Alpenregion

Der Anteil erneuerbarer Energien an der Bruttostromerzeugung wird wie erwähnt auch in Zukunft weiter ansteigen und mittel- bis langfristig in einem vollständigen Umstieg auf regenerative Energieträger münden. In diesem Kontext kann die Alpenregion fraglos einen entscheidenden Beitrag zu einer sauberen und klimafreundlichen Energieversorgung im europäischen Rahmen leisten. Allerdings müssen die natürlichen Ressourcen der Berge verantwortungsbewusst und zukunftsorientiert genutzt werden. Der in einigen Alpenländern und Alpenanrainerstaaten bereits angeschobene Prozess, fossile und nukleare Energiequellen durch die Nutzung von Sonne, Wind, Wasser und Biomasse zu ersetzen, ist dabei jedoch nicht alleine eine Frage der Energietechnik. Ein Bündel ökologischer, sozialer und wirtschaftlicher Aspekte beeinflusst die heutige Energiepolitik.

In der Alpenregion besteht weitgehend gesellschaftlicher Konsens, dass wirtschaftliches Handeln und die Schaffung sonstiger Entwicklungsperspektiven möglichst unter Maßgabe der Nachhaltigkeit zu erfolgen haben. Übertragen auf den Energiesektor bedeutet dies, dass die Versorgung mit Strom und Wärme stets so zu gestalten ist, dass die heutige Generation ihre Bedürfnisse nicht zulasten nachfolgender befriedigt. Die Alpenkonvention gibt in Artikel 2 Abs. 2 (k) ihrer Rahmenkonvention die Richtung vor:

> Energie – mit dem Ziel, eine natur- und landschaftsschonende sowie umweltverträgliche Erzeugung, Verteilung und Nutzung der Energie durchzusetzen und energieeinsparende Maßnahmen zu fördern [...].[3]

Konkret heißt das, dass der Verbrauch von Energieträgern nicht schneller erfolgen darf, als diese sich durch regenerative Prozesse wieder selbst erneuern können. In der Praxis erfüllen diese Forderungen nur die erneuerbaren Energieträger Sonne, Wind, Wasser, Biomasse und Geothermie. Bei näherem Hinsehen muss das Nachhaltigkeitskonzept allerdings um eine ergänzende Dimension erweitert werden: den Landschaftsverbrauch. Der Deutsche Alpenverein stellt in diesem Zusammenhang fest, dass der Beitrag der Alpenregion an einem zukünftigen gesamteuropäischen Energiekonzept mit der knappen Ressource Natur und Landschaft einerseits und der touristischen Nutzung der Alpen andererseits kollidiert. Daher müsse der notwendige Ausbau der erneuerbaren Energien inklusive der dazugehörigen Netzinfrastruktur immer vor dem Hintergrund einer nachhaltigen Raumplanung und Standortwahl geschehen.[4]

Die Alpen sind weder moderner Freizeitpark noch nostalgisches Freilichtmuseum. Vielmehr war diese Kernregion Europas schon immer eine bedeutende Natur- und Wirtschaftsregion zugleich. Auch in Zukunft wird in der Alpenregion gewohnt, gelebt und gearbeitet. Dafür bedarf es Energie, die der Bevölkerung sicher zur Verfügung gestellt werden muss. Diese Bereitstellung hat allerdings nachhaltig, energieeffizient und zukunftsorientiert zu erfolgen. Der alpinen Energieversorgung muss der Spagat zwischen Ökologie und Ökonomie gelingen.

[3] Alpenkonvention (1991).

[4] Vgl. Alpenverein (2011).

2 Grundlagen der Energieversorgung im Alpenraum

Oliver D. Doleski

Zur sicheren Versorgung urbaner Ballungszentren sowie ländlicher Regionen mit Strom, Gas und Wärme bedarf es heute und vermutlich auch in Zukunft einer umfangreichen, weiträumig angelegten Energieinfrastruktur. Mit Errichtung und Betrieb von Energieerzeugungsanlagen, Netzeinrichtungen, Großspeichern usw. gehen in Abhängigkeit von der jeweils eingesetzten Energieform spezifische Umwelteinflüsse wie bspw. ein erheblicher Flächenverbrauch oder die Freisetzung von Kohlendioxid einher. Als einzigartiger Natur- und Kulturraum ist die Alpenregion von den landschaftsverändernden Eingriffen der Energiewirtschaft besonders betroffen. Folgerichtig ist die Beschäftigung mit nachhaltiger Erzeugung, ressourcenschonender Verteilung und sparsamem Einsatz von Energie für den Alpenraum von herausragender, existenzieller Bedeutung.

Das Thema Energie ist komplex, mithin verwirrend und für Nichtfachleute ohne eingehende Beschäftigung mit den technischen und ökonomischen Zusammenhängen in seiner Tiefe nur bedingt zu erfassen. Ein breites, sich nicht selten widersprechendes Meinungsspektrum unter tatsächlichen oder selbsternannten Experten der Energiewirtschaft trägt ebenso zur Verwirrung beim interessierten Bürger bei wie das intuitiv nicht zugängige Branchenvokabular. Dessen ungeachtet ist es das Bestreben dieses Kapitels, allen an der Zukunft der Alpenregion Interessierten die wirtschaftlich-technischen Grundlagen und Begrifflichkeiten der Energieversorgung ohne Wertung darzulegen. Schließlich obliegt es dem Leser, sich so umfas-

O. D. Doleski (✉)
Ottobrunn, Deutschland
E-Mail: doleski@t-online.de

O. D. Doleski, K. Lorenz (Hrsg.), *Energie der Alpen*, essentials,
DOI 10.1007/978-3-658-08383-0_2

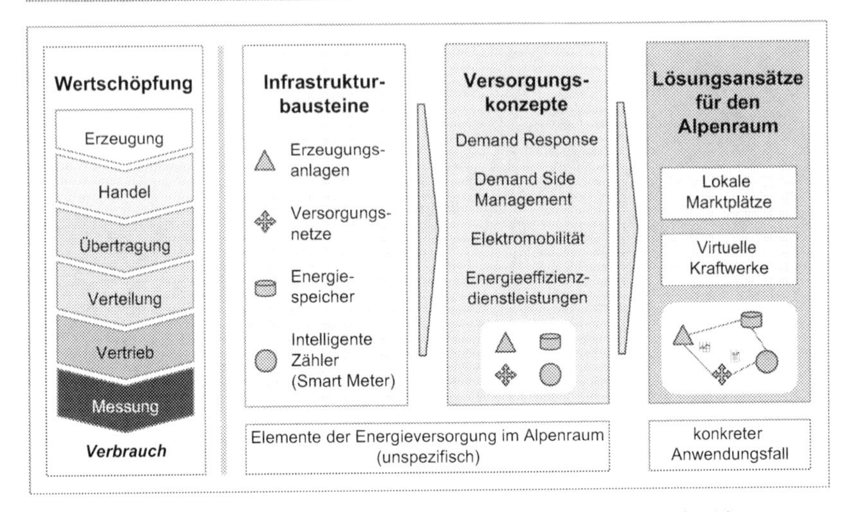

Abb. 2.1 Energiewirtschaftliche Zusammenhänge der Energieversorgung im Alpenraum

send mit der Materie Energie im Alpenraum zu beschäftigen, dass er sich unabhängig von vielfach emotional geführten Debatten und energiepolitischen Grabenkämpfen selbst ein eigenes, fundiertes Bild machen kann. Um diesem Anspruch gerecht werden zu können, wird die aus zahlreichen Facetten und vielfältigen Inhalten bestehende Energiethematik in vier logisch aufeinander aufbauende kurze Abschnitte untergliedert. Einleitend wird in Abschn. 2.1 dem Leser zunächst ein verdichteter Überblick über die grundlegende energiewirtschaftliche Wertschöpfungskette von der Erzeugung bis zum Verbrauch geboten. Anschließend werden in Abschn. 2.2 die Eckpfeiler einer modernen Energieinfrastruktur als das technisch-logistische Fundament der Versorgung mit Strom, Gas und Wärme skizziert. Erst aus der sinnvollen Kombination der Infrastrukturbausteine und ihrer Leistungen resultieren die in Abschn. 2.3 beschriebenen konkreten Versorgungskonzepte. Abschließend wird in Abschn. 2.4 eine Methode zur Entwicklung verantwortungsbewusster, markttauglicher Lösungsansätze für die Energieversorgung des Alpenraums komprimiert vorgestellt. Im Sinne eines besseren Überblicks werden die wesentlichen Inhalte dieses Kapitels mittels Abb. 2.1 zusätzlich grafisch illustriert.

2.1 Von der Erzeugung zum Verbrauch

Die Versorgung moderner Gesellschaften mit Strom, Gas und Wärme erfolgt entlang einer im Wesentlichen aus den Stufen Erzeugung, Handel, Übertragung, Verteilung, Vertrieb, Messung und Verbrauch bestehenden Kette. Dieser als *energiewirtschaftliche Wertschöpfung* bezeichnete Prozess startet mit der *Energieerzeu-*

gung. Prinzipiell kann die Erzeugung von Strom und Wärme entweder dezentral in kleinen bis mittleren Energieerzeugungsanlagen oder zentral in Großkraftwerken erfolgen. Dabei werden heute sowohl die klassischen Energieträger Gas, Erdöl, Kohle und Uran als auch vermehrt regenerative Energieformen wie Sonnenenergie, Windkraft, Biomasse und Erdwärme (Geothermie) eingesetzt. Energieversorgungsunternehmen müssen ihren Kunden, die im Fachjargon häufig auch als *Letztverbraucher* bezeichnet werden, zu jeder Zeit Energie in ausreichender Menge zur Verfügung stellen. Um das Energiesystem stabil betreiben zu können, sorgt die Wertschöpfungsstufe *Handel* durch den Kauf fehlender Energie einerseits und den Verkauf des Überschusses andererseits für ein insgesamt ausgeglichenes Energieangebot im Versorgungsnetz. Im Anschluss an Handel und Produktion erfolgt die physische Bereitstellung der Energie am Ort des Verbrauchs in Wohnhäusern, Betrieben, Industrieanlagen und öffentlichen Einrichtungen mit Hilfe umfangreicher Kabel- oder Rohrleitungsnetze. Diese werden je nach Struktur, Kapazität und Aufgabenstellung in zwei Kategorien unterschieden. Einerseits die für den überregionalen Transport sehr großer Energiemengen zuständigen *Übertragungs-* (Stromautobahnen) bzw. *Fernleitungsnetze* (Gasleitungen) und andererseits die feinmaschigen *Verteilnetze* im Umfeld der Verbraucher vor Ort. Um die vor der Haustür liegende Energie auch tatsächlich geliefert zu bekommen, gehen in der energiewirtschaftlichen Wertschöpfungsstufe *Vertrieb* Kunden mit Energieversorgungsunternehmen (EVU) eine Vertragsbeziehung ein. Um diese Belieferung mit Strom, Gas und Wärme korrekt abrechnen zu können, erfolgt über die *Messung* schließlich die Feststellung und Abrechnung des tatsächlichen *Verbrauchs* durch das jeweilige Versorgungsunternehmen.

2.2 Infrastrukturbausteine der Energieversorgung

Die energiewirtschaftliche Infrastruktur bildet das technisch-logistische Fundament der Versorgung moderner Gesellschaften mit Strom, Gas und Wärme. Sie ist die Basis für moderne Versorgungskonzepte und zukunftssichere Lösungen zur bedarfsgerechten Bereitstellung von Energie. Zu den wichtigsten *Bausteinen der Energieversorgung* zählen Erzeugungsanlagen, Netze, Speicher und Messsysteme, die nachfolgend kurz beschrieben werden.

Erzeugungsanlagen

In Energieerzeugungsanlagen (EEA) werden nichtelektrische Energieformen wie thermische, kinetische[1], solare, chemische oder nukleare Energie häufig über den

[1] Das Wort kinetisch leitet sich vom griechischen Wort *kinesis* für Bewegung ab.

Zwischenschritt der Umwandlung in mechanische Energie mittels Generatoren in Elektrizität umgewandelt. Diese stets mit teilweise erheblichen Energieverlusten verbundene Umwandlung primärer Energieformen in elektrischen Strom und Wärme erfolgt mit Hilfe unterschiedlicher Kraftwerkstypen:

- **Fossile Verbrennungskraftwerke** wandeln die in Kohle (Kohlekraftwerk), Erdgas (Gaskraftwerk), Erdöl (Ölkraftwerk) oder auch Abfall (Müllverbrennungsanlage) gebundene chemische Energie in Strom und Wärme um.
- **Bewegungsenergiekraftwerke** nutzen die kinetische Energie von Wasser (Wasserkraftwerk, Wellenkraftwerk) oder Wind (Windkraftanlage).
- **Solarthermiekraftwerke** wandeln die Sonnenstrahlung direkt in nutzbare Wärme um.
- **Photovoltaikanlagen** überführen ohne Nutzung mechanischer Energie Sonnenenergie direkt in Elektrizität.
- **Biomassekraftwerke** nutzen die in Biomasse (Pflanzen, Gülle) gebundene chemische Energie.
- **Geothermiekraftwerke** wandeln die geothermische Energie tieferer Bodenschichten in Fernwärme oder Elektrizität um.
- **Kerntechnische Kraftwerke** werden bislang ausschließlich nach dem Prinzip der Kernspaltung (Kernkraftwerke) betrieben; vertraut man der Grundlagenforschung, so könnte zukünftig auch die Kernfusion (Kernfusionskraftwerke) als weitere Energieform zur Verfügung stehen.

Die auf fossilen oder nuklearen Energieträgern beruhende klassische Elektrizitätserzeugung soll in Deutschland allerdings bis zum Jahr 2050 weitgehend durch den Einsatz Erneuerbarer Energien abgelöst werden.

Versorgungsnetze

Versorgungsnetze können entsprechend ihrer *Funktion* in das Übertragungs- (Strom) oder Fernleitungsnetz (Gas) einerseits und das Verteilnetz andererseits unterschieden werden. Während das erstgenannte Netz den Transport sehr großer Strom- und Gasmengen über weite Distanzen übernimmt, ist das Verteilnetz für den Kurzstreckentransport in Verbrauchernähe verantwortlich. Alternativ können Netze auch nach ihrer *Kapazität* untergliedert werden. Beim Stromnetz unterscheidet die Energiewirtschaft im Allgemeinen vier Spannungsebenen:

- **Höchstspannung** wird in Westeuropa zwischen 230 kV und 400 kV betrieben.[2] Auf dieser übergeordneten Ebene speisen zentrale Energieerzeugungsanlagen (Kraftwerke) ein.

[2] 230 kV entsprechen 230.000 V; Volt ist die Einheit der elektrischen Spannung.

- **Hochspannung** dient mit ihrer Spannung um 110 kV neben dem Transport vor allem kleineren Kraftwerken und größeren Windparks als Einspeisenetz.[3]
- **Mittelspannung** wird heute zumeist mit einer Auslegung zwischen 10 kV und 35 kV betrieben.
- **Niederspannung** ist als verbrauchernahe Ebene mit 230 V oder 400 V ausgelegt.

Das Stromnetz wird in Europa in der Regel mit einer Wechselspannungsfrequenz von 50 Hz betrieben. Für das Gasversorgungsnetz gelten ähnliche Kapazitätsebenen.

Energiespeicher
Speicher übernehmen im Energieversorgungssystem der Zukunft eine wichtige Funktion. Als bedeutendes Instrument zur Netzregelung sind *Speichersysteme* in der Lage, zu Zeiten eines Überangebots an Solar- und Windenergie überschüssige Energie zunächst zu speichern und erst im Bedarfsfalle zum späteren Zeitpunkt wieder in das Versorgungsnetz zur Nutzung einzuspeisen. Zu den bekanntesten Energiespeichern zählen Akkumulatoren, chemische Wasserstoffspeicher, Druckluftspeicher, Pumpspeicher, Schwungradspeicher und Wärmespeicher. Insbesondere Pumpspeicherkraftwerke erscheinen aus topografischen Gründen (Täler, Fallhöhen) für den Einsatz in den Alpen geeignet zu sein, sind allerdings wegen des für diese Anlagen typischen Flächenverbrauchs umstritten.

Intelligente Zähler (Smart Meter)
Seit Jahrzehnten wird der Verbrauch von Strom, Gas und Wärme mit Hilfe analoger Messgeräte ermittelt, deren Basistechnologie sich seit über 50 Jahren kaum verändert hat. Diese klassischen *Analogzähler* erlauben lediglich eine einfache Verbrauchsmessung; eine zeitnahe Auswertung des tatsächlichen Verbrauchs über den Zeitablauf an der Messstelle ist nicht möglich.[4]

Intelligente Zähler oder *Smart Meter* sind im Gegensatz zu ihren analogen Pendants moderne, elektronische Messgeräte zur digitalen, fernauslesbaren Ermittlung des tatsächlichen Energiemengenverbrauchs. Dank des erweiterten Funktionsumfanges zeigen Smart Meter dem Verbraucher jederzeit dessen aktuellen Strom-, Gas- und Wärmemengenverbrauch zuverlässig an. Da Konsumenten, die über ihren individuellen Verbrauch regelmäßig informiert sind, das eigene Nutzungsverhalten bewusst steuern können, tragen intelligente Zähler folglich zu Energieeffizienz und Energieeinsparung bei.

---

[3] Vgl. Appelrath et al. (2012, S. 19).

[4] Vgl. Doleski (2012, S. 128).

Smart Grid
Angesichts des Anstiegs schwankender Energieeinspeisemengen und der absoluten Zunahme dezentraler Energieerzeuger und Speicherstellen müssen die Versorgungsnetze zunehmend intelligenter – smarter – werden. Das *intelligente Netz* oder *Smart Grid* basiert auf der Grundannahme, dass in Zukunft die herkömmlichen Strukturen schrittweise von einer kleingliedrigen, dezentralen Versorgungslandschaft abgelöst werden. Ein Smart Grid schafft die technische Infrastruktur dafür, dass sich viele kleine Energieproduzenten zu virtuellen Kraftwerken zusammenschließen, um so die produzierte Energie gemeinsam Kunden anbieten zu können. Der Intelligenzbegriff hat im Zusammenhang mit Smart Grid selbstverständlich nichts mit „künstlicher Intelligenz" oder Science-Fiction zu tun. Smart steht hier lediglich für eine leistungsfähige Netzsteuerung mit Hilfe des Einsatzes moderner Informations- und Kommunikationstechnologien (IKT).

2.3 Versorgungskonzepte mit Bedeutung für die Alpenregion

Die vorgenannten Infrastrukturbausteine erweisen sich isoliert betrachtet als nutzlos. Kein Kraftwerk kann Strom und Wärme ohne Netzzugang bereitstellen, kein Energiespeicher lässt sich ohne moderne Informationstechnik betreiben und kein Verbrauchsmessgerät kann ohne innovative Kommunikationstechniken zur Verbesserung der Energieeffizienz beitragen. Infrastruktur funktioniert nur im *Zusammenspiel*. Werden Infrastrukturbausteine und ihre Leistungen sinnvoll miteinander kombiniert, so resultieren daraus energiewirtschaftliche Versorgungskonzepte ohne Marktbezug.

In Anbetracht des zunehmenden Anteils schwankender Einspeisung von Elektrizität aus regenerativen Quellen wie Sonne und Wind an der Gesamtenergieproduktion müssen heutige Versorgungskonzepte vor allem einen Beitrag zur Versorgungssicherheit und Energieeffizienz leisten. Im Kontext Alpen kommt dabei einer überlegten Auswahl und einem ressourcenschonenden Betrieb dieser Ansätze besondere Bedeutung zu. Obgleich die Alpen nicht ausschließlich Naturraum, sondern fraglos auch bedeutender Wirtschaftsraum für etwa 14 Mio. energieverbrauchende Menschen sind, sollten die Versorgungskonzepte den alpinen Lebensraum möglichst nur minimal tangieren; bislang weitgehend unerschlossene Naturräume sind möglichst vollumfänglich zu erhalten. Die bekanntesten Konzepte mit Bezug zur Alpenregion werden nachfolgend in alphabetischer Reihung vorgestellt.

Demand Response und Demand Side Management
Die Begriffe Demand Response (DR) und Demand Side Management (DSM) werden in der Energiewirtschaft bisweilen synonym verwendet. Bei näherem Hinse-

hen erscheint diese Sichtweise jedoch zweifelhaft. Während Demand Response die freiwillige Beeinflussung der Energienachfrage beim Kunden mittels flexibler Tarife oder anders ausgedrückt über den Preis umfasst, wirkt Demand Side Management als technische Lösung mit Hilfe elektronischer Steuerungssignale aktiv auf Verbrauchsanlagen ein. Beide Konzepte lassen sich anschaulich mit dem Wortpaar *Beeinflussung* (passiv) im Falle von Demand Response und *Steuerung* (aktiv) bei Demand Side Management charakterisieren.[5]

Dank der beschriebenen Preis- und Steuersignale werden Kunden befähigt, das eigene Verbrauchs- und/oder Einspeiseverhalten an das tatsächliche Energieangebot bequem und weitgehend automatisiert anzupassen. Dieser dynamische Abgleich von Erzeugung und Verbrauch führt einerseits zu einer optimierten Auslastung der Energieversorgungsnetze und andererseits zu einer Reduktion des Energieverbrauchs.[6] Konsequent eingesetzt können DR und DSM folglich dazu beitragen, den flächenintensiven Speicher- und Netzausbau ebenso wie den Ausstoß klimaschädlicher Treibhausgase zu mindern. Insofern sind beide Konzepte für das Ökosystem Alpen von großer praktischer Bedeutung.

Elektromobilität (eMobility)

Eine vermehrte Nutzung elektrisch betriebener Fahrzeuge aller Art unterstützt die Forderungen nach Ressourcenschonung, Energieeffizienz und Versorgungssicherheit in zweifacher Hinsicht. Einerseits können die in *Elektrofahrzeugen* verbauten Batterien flexibel zur *Glättung des Stromverbrauchs* beitragen (Leistungsglättung). Dies geschieht, indem diese Fahrzeuge ihre Ladevorgänge an die schwankende Verfügbarkeit elektrischer Energie aus Sonne und Wind im Netz anpassen. Andererseits können die Speicher von Elektrofahrzeugen perspektivisch auch als *rückspeisefähige Batterien* für den Eigenstromverbrauch im Haushalt des Fahrzeugbesitzers mit ebenso netzentlastender Wirkung zum Einsatz kommen.[7]

Ähnlich wie im Falle DR und DSM kann gerade der Alpenraum vom Umstieg von fossiler (Benzin, Diesel, Autogas) auf elektrische Mobilität (Elektromobilität) profitieren. So ist es unter günstigen Bedingungen langfristig vorstellbar, dass die Elektromobilität einen Beitrag zur Abschwächung des landschaftsverändernden Aus- und Neubaus weiträumiger Versorgungsnetze und großer Pumpspeicherkraftwerke in den Alpentälern leisten kann.

[5] Vgl. Doleski und Aichele (2014, S. 29).

[6] Vgl. Müller und Schweinsberg (2012, S. 8).

[7] Vgl. Bundesnetzagentur (2011, S. 46).

Energieeffizienzdienstleistungen
Innovative Technologien, Produkte und Services, die den Verbrauch von Strom, Gas und Wärme beim Endkunden senken oder Nutzenergie effizient zur Verfügung stellen, werden in der Energiewirtschaft unter dem Begriff *Energieeffizienzdienstleistungen* zusammengefasst. Es handelt sich dabei um ein breites Spektrum zukunftsträchtiger Dienstleistungen, denen die Zielsetzung nachhaltiger Steigerung der Energieeffizienz gemein ist.

Die Steigerung der Endenergieeffizienz mittels innovativer Dienstleistungen für Unternehmen, Haushalte und öffentliche Verwaltungen trägt, ebenso wie die vorgenannten Versorgungskonzepte, zur Schonung des alpinen Lebensraums bei. Energieeffizienzberatung inklusive Austausch ineffizienter Stromverbraucher, Energie-Audits in Hotels und Einrichtungen des Fremdenverkehrs, Optimierung und Überwachung energieintensiver Industrieprozesse, Wärmeliefercontracting mit optimiertem Betrieb von Heizungsanlagen, Gebäudeautomatisierung und Beleuchtungsmanagement stellen eine kleine Auswahl möglicher Energieeffizienzdienstleistungen dar.

2.4 Lösungsansätze für die Versorgung des Alpenraums

Erfolgt eine wirtschaftliche Umsetzung der zuvor beschriebenen Versorgungskonzepte im Markt, so entstehen daraus konkrete Lösungsansätze oder mit anderen Worten Geschäftsmodelle der Energiewirtschaft. Demnach unterscheiden sich Konzepte auf der einen von Geschäftsmodellen auf der anderen Seite hauptsächlich im Marktbezug. Während Versorgungskonzepte eine von den jeweils herrschenden Markt- und Unternehmensbedingungen losgelöste Idee oder Vorstellung möglicher Handlungsoptionen darstellen, berücksichtigen Geschäftsmodelle darüber hinaus ökonomische Rahmenparameter wie bspw. Umfeld, Markt, Kunde, Erfolgsfaktoren und Ressourcen.[8] Diese Lösungsansätze oder Geschäftsmodelle beschreiben demzufolge nicht alleine, wie energiewirtschaftliche Produkte und Dienstleistungen technisch gestaltet sind, sondern auch wie sie ihren Beitrag zum ökonomischen Erfolg der sie anbietenden Akteure leisten. Mittels Abb. 2.2 wird der skizzierte Zusammenhang, wie aus unspezifischen Konzepten markttaugliche Modelle zur Generierung von Umsatz erwachsen, grafisch veranschaulicht. Das Schaubild illustriert schematisch, wie die strukturierte Anwendung eines standardisierten Systems zur Geschäftsmodellentwicklung – hier wurde exemplarisch das Integrierte Geschäftsmodell dargestellt – unspezifische Versorgungskonzepte zu

[8] Vgl. Doleski und Aichele (2014, S. 34).

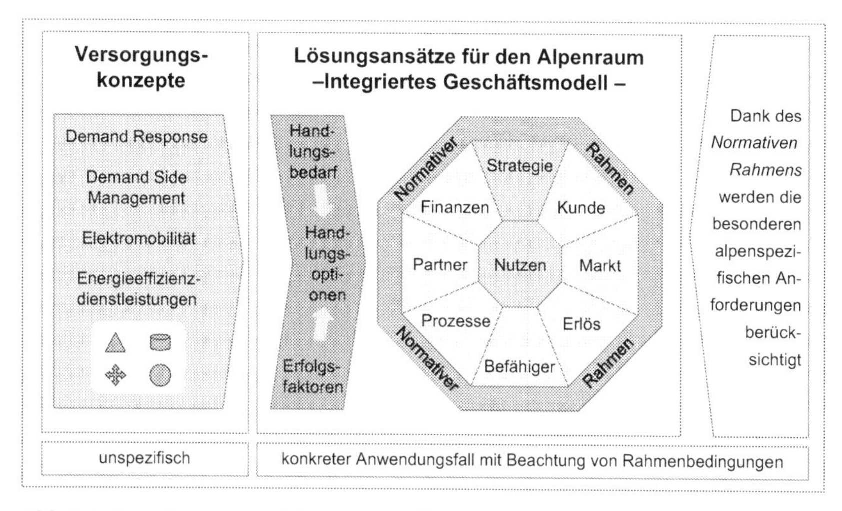

Abb. 2.2 Vom Konzept zum Lösungsansatz für den Alpenraum

marktfähigen Produkten und Dienstleistungen transformiert. Stellvertretend für die in der deutschsprachigen Betriebswirtschaftslehre existierenden Geschäftsmodellansätze seien dem interessierten Leser zur Vertiefung die *Business Model Canvas* von Osterwalder und Pigneur, das *Business Model* von Wirtz und das auf der anwendungsorientierten Theorie des St. Galler Management-Konzepts beruhende *Integrierte Geschäftsmodell* empfohlen.[9]

Eine der zentralen Herausforderungen nachhaltiger Energieversorgung im Alpenraum ist die Entwicklung markttauglicher Lösungsansätze, die gleichzeitig sowohl ökonomisch tragfähig als auch ökologisch verantwortungsbewusst sind. Innovative Geschäftsmodelle wie z. B. *virtuelle Kraftwerke* oder *lokale Marktplätze* können einen essentiellen Beitrag zum Ausgleich von Stromangebot und -nachfrage im Netz sowie zur Steigerung der Energieeffizienz leisten. Infolgedessen sind diese Angebote dazu geeignet, den einzigartigen Natur- und Kulturraum Alpen vor den negativen Folgen eines ausufernden Zubaus großer Infrastruktureinrichtungen wie Pumpspeicherkraftwerke, Stauseen, Oberlandleitungen usw. zu bewahren.

[9] Vgl. Osterwalder und Pigneur (2011); Wirtz (2011); Doleski (2014).

3 Perspektiven einer nachhaltigen Energiezukunft der Alpenländer

Thomas Pflanzl

Seit Jahrtausenden werden die Alpen durch den Menschen wirtschaftlich genutzt; sie waren schon immer Lebensraum, sie lieferten Rohstoffe, stellten der Zivilisation Energie bereit und fungierten – mit wachsender Mobilität – als Rückzugsraum für Erholungssuchende aus ganz Europa. Immer wieder reagierten die in der Bergregion der Alpen lebenden Menschen mit kreativen Lösungen auf die daraus resultierenden, neuen Herausforderungen. Ein roter Faden, der sich aus der langen Vergangenheit bis heute spinnen lässt.

3.1 Spannungsfelder

Gegensätze und Spannungsfelder werden in den Alpen in besonderer Weise sichtbar. Bevölkerung und Kultur, Natur- und Bodenschutz, Wasserhaushalt, Landschaftspflege, Berglandwirtschaft, Tourismus und Freizeit, Abfallwirtschaft und Energie sind Beispiele für die Schwerpunktsetzungen der *Alpenkonvention* des Jahres 1991.[1] Nach wie vor stellt dieser langfristige Kooperationsvertrag von sieben Alpenländern und Alpenanrainerstaaten sowie der Europäischen Union einen wichtigen Rahmen für die generelle Entwicklung der Alpen dar. Die Konvention

[1] Vgl. Alpenkonvention (1991).

T. Pflanzl (✉)
Düsseldorf, Deutschland
E-Mail: thomas.pflanzl@verbund.com

O. D. Doleski, K. Lorenz (Hrsg.), *Energie der Alpen,* essentials,
DOI 10.1007/978-3-658-08383-0_3

fordert eine natur- und landschaftsschonende, umweltverträgliche Erzeugung, Verteilung und Nutzung von Strom und Wärme sowie die Förderung energieeinsparender Maßnahmen. Alle diese Schwerpunkte sind schwer miteinander in Einklang zu bringen und können gleichzeitig doch nur zusammen entwickelt werden.

Der Transit von Waren über die Alpen ist ein gutes Beispiel für ein Spannungsfeld, welches unter den spezifischen Bedingungen der Alpen zu lösen ist und gleichzeitig Bedeutung für ganz Europa hat. So leidet bspw. das Inntal seit Jahrzehnten unter der Transitlawine. Die Bedeutung einer intensiven Lenkung der Straßentransporte und des Ausbaus der Bahn, wie es exemplarisch das Bauvorhaben des Brenner-Basistunnels zeigt, ist im Alpenraum unbestritten. Es bedarf Lösungen für einen ökologisch sensiblen Raum, die die Lebensqualität der betroffenen Anrainer heben und gleichzeitig die Umwelt schützen.

Die Alpen sind allerdings weder ein autarker Wirtschaftsraum noch ein abgegrenztes Gebiet mit homogener Kultur oder politischer und gesellschaftlicher Identität. Die Menschen gehören verschiedenen Völkern Europas an und doch teilen sie mehr untereinander als mit dem außeralpinen Raum. Die Alpen in ihrer Vielfalt sind ein Teil Europas, der mit anderen Regionen vernetzt und schließlich auch mit den Chancen und Bedrohungen einer globalisierten Welt konfrontiert ist.

Die Energiewirtschaft der Alpenregionen weist deutlich ausgeprägte Spezifika auf. Der Gegensatz zwischen Industrialisierung und nachhaltiger Wirtschaftsentwicklung ist deutlich spürbar. Der Anteil von Erdgas und Kohle in der Energieversorgung ist überaus gering, der Anteil von Wasserkraft hoch, Atomkraft spielt kaum eine Rolle. Zentralen großer klassischer Energiekonzerne sucht man in den Alpen vergeblich und doch gibt es mittelständische Energieunternehmen, die den großen Konzernen einiges voraushaben. Die regionalen oder lokalen geographischen und klimatischen *Rahmenbedingungen* haben bereits sehr früh kreative Lösungen in den Bergen entstehen lassen. Die Energiewirtschaft war in den Alpen schon dezentralisiert, lange bevor Erneuerbare Energien in anderen Regionen Europas zu einer neuen *Dezentralisierung* führten.

Wirtschaftsaktivitäten mit Energiebezug haben im Alpenraum eine lange Tradition. Schon zwischen der mittleren und späten Bronzezeit, vom 16. bis 10. Jahrhundert v. Chr., wurden Kupfervorkommen im Salzburger Pongau ausgebeutet. Salz wird in Hallstatt ebenfalls seit dem 16. Jahrhundert v. Chr. gewonnen. Vor etwa 2.000 Jahren wurde schließlich Gold in den Hohen Tauern entdeckt, Eisenerz wird seit dem 11. Jahrhundert am Erzberg in der Obersteiermark abgebaut. Über Jahrhunderte inspirierten in gewisser Weise die Alpen durch ihren Ressourcenreichtum, lange bevor englische Aristokraten im 18. Jahrhundert als erste Touristen sie als geistige und erholsame Inspirationsquelle entdeckten.

Seit jeher erfolgt die Nutzung alpiner Rohstoffe im engen *Austausch* mit außeralpinen Regionen. Weder Kupfer noch Salz oder Eisen wurden in den Alpen selbst vermarktet, die Weiterverarbeitung fand meist außerhalb des alpinen Raums statt. Die Absatzmärkte erstreckten sich bereits in der Bronzezeit über ganz Europa. Bis an den Rand des Kontinents können Archäologen heute Gegenstände nachweisen, deren Material aus den Ostalpen stammt. Die lange Geschichte von *Ressourcenabbau und Handel* mit weiten Transportwegen in der alpinen Bergregion illustrieren die beiden in Abb. 3.1 abgebildeten Artefakte.[2]

Die schwierigen Bedingungen in den Bergen verlangten schon immer nach besonderen Lösungen. Soleleitungen über weite Distanzen, Transporte über der Vegetationsgrenze, Tunnel, Seilbahnen, Lawinenverbauungen, ohne die Kreativität der Bergbewohner waren keinerlei Aktivitäten denkbar. Von jeher hing das Überleben und Wirtschaften im alpinen Umfeld von der Innovationskraft der hier lebenden Menschen ab. Ihre Erzeugnisse fanden sich dann überall in der damals bekannten Welt.

Energie und Energieversorgung insbesondere auch zur Gewinnung und zum Transport der Rohstoffe funktionierten auch vor 3.000 Jahren in den Alpen nur unter spezifischen Bedingungen. Heute haben diese Umweltbedingungen allerdings eine Bedeutung über den Alpenraum hinaus. Die Ideen, die dezentralen Lösungen, die Realisierung von Energieprojekten bei gleichzeitigem Schutz der Natur und die gesellschaftliche Zusammenarbeit aller Betroffenen beim Ausbau

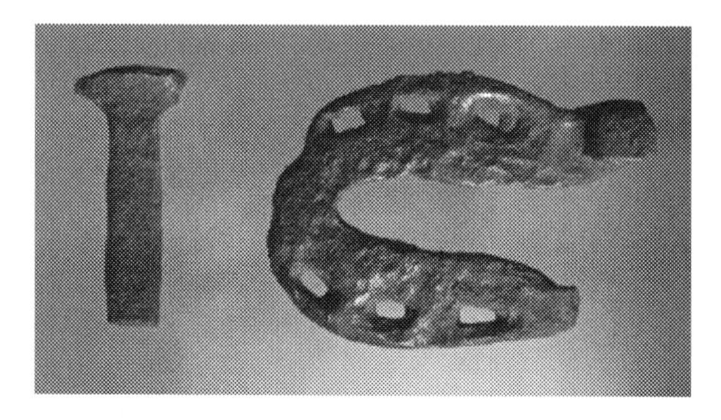

Abb. 3.1 Keltischer Radnabennagel und Hufeisen aus der Latènezeit (in Österreich gefunden)

[2] Bei dem linken Objekt handelt es sich um einen keltischen Radnabennagel, der zur Fixierung des Rades (bspw. von einem Ochsenkarren) an der Achse diente. Es stammt aus der frühen Latènezeit (ca. 450 bis 250 v. Chr.) und wurde im mittleren Waldviertel in Niederösterreich gefunden. Der rechte Gegenstand ist ein sogenanntes schwedisches Hufeisen für Maultiere oder Esel aus der Spätlatènezeit (150 v. Chr. bis Christi Geburt), gefunden im westlichen Wienerwald nahe bei Wien.

erneuerbarer Energie sind beispielgebend für die außeralpine Energiewirtschaft. Die Energie der Alpen wird zum *Inspirationsraum* für die Energie der Welt.

Soweit lässt sich ein roter Faden aus der Vergangenheit des Kupferbergbaus bis hin zu Energieinnovationen der Gegenwart knüpfen. Kräne für Windenergieanlagen oder Thermotechnik-Systemlösungen werden nicht zufällig im Alpenbogen entwickelt und produziert. Diese Aktivitäten finden sich hier, weil die Menschen sich früher mit Kupfer oder Eisen beschäftigt haben und mit dem gleichen Innovationsgeist heute Lösungen in der Energietechnik vorantreiben.

Die frühere relative Rückständigkeit der Energiewirtschaft der Alpen führte zu einer äußerst positiven Ausgangslage für einen anderen Umgang mit dem Thema Energie. Die Menschen in den Alpen sind es gewohnt, Energieprojekte einerseits als direkten Eingriff in ihr Leben zu begreifen und Großprojekten eine gewisse Skepsis entgegenzubringen, andererseits aber Energie auch konstruktiv als Teil der Entwicklung von Lebensräumen zu begreifen. Als Keimzelle für eine kleinräumige, dezentrale und nachhaltige Energiewirtschaft eignen sich die Alpen in besonderer Weise. Damit kann die Energie der Alpen, eingebunden in die Energiewirtschaft Europas, beispielgebend für den Kontinent sein.

3.2 Unberührte Landschaften

Klar ist, die Alpen sind keine Idylle, kein romantisch verklärtes Rückzugsgebiet, keine Bühne für nostalgische Träume. Unberührte Landschaften sehen anders aus, die Alpen sind ein hochaktiver Wirtschaftsraum mit intensiven globalen Vernetzungen.

Der Alpenraum schärft den Blick für Veränderungen. Wer die Alpen kennt und mit anderen Gebirgsketten, z. B. dem Kaukasus oder dem Atlas, vergleicht, erkennt sofort, dass die Alpen ein *Kulturraum* sind. Während Wanderungen in den Hohen Tauern gibt es kaum einen Moment, an dem keine menschlichen Eingriffe in die Natur entdeckt werden können, sogar in Gletscherregionen. Darin liegt u. a. die Besonderheit der Alpenregion begründet. Die Natur geht hier eine viele Jahrtausende alte *Symbiose mit der Zivilisation* ein, von der beide profitieren.

Unberührt sind die Alpen mit Sicherheit nicht. Von den Alpen leben wir, wir nutzen die Ressourcen, wir ernähren uns von den Landwirtschaftsprodukten, wir erholen uns, wir treiben Sport. An den Alpen wird erkennbar, was *Nachhaltigkeit* bedeutet. Unberührt bedeutet so viel wie nicht zerstört, aber durchaus verändert. Jede wirtschaftliche Aktivität, insbesondere in der Energiewirtschaft, muss sich daran messen, ob der Eingriff in die Natur dazu dient, zu erhalten und sanft zu verändern. In den Alpen wird unmittelbar erkennbar, welche Eingriffe zerstörend und welche Eingriffe positiv gestaltend wirken. Die Alpen sind damit beispielgebend für den außeralpinen Raum. In den Alpen geborene Menschen haben oft aus den Bergtälern heraus ihr Glück in den Ballungsräumen versucht. An der Energiethematik interessierte Menschen mit Herkunft aus den Alpen tragen Ideen und Konzepte, transformiert in Lebensqualität, in die urbanen Zentren der Ebene.

3.3 Lösungen und Ideen – Beispiele

Virgen in Osttirol, einer von zwei mit dem *European Energy Award Gold* bewerteten Orten in Österreich, ist ein Hochgebirgsort auf rund 1.300 m Seehöhe mit einem besonderen Bewusstsein für Energiefragen. Thermische Solaranlagen, Photovoltaik und Kleinwasserkraftwerke produzieren im Ort mehr als 4 GWh Strom. Unter zusätzlicher Berücksichtigung der Energiequelle Holz ist Virgen nicht nur energieautark, sondern liefert auch seinen Nachbargemeinden Energie.

Dorfwärme (Fernwärme mit lokaler Identität), Heizanlagenförderung, Anhebung des Holzeinschlags, Entwicklung eines Kleinwasserkraftwerks unter Einbindung der Bevölkerung bei gleichzeitiger Schaffung eines Schulungs-Biotops, Projekte der Gemeinde zur direkten Bewusstseinsbildung der Bewohner, Veranstaltungen, Initiativen für sanfte Mobilität führen in Virgen zu einer Einbindung von Energiefragen ins Gemeindeleben. Die Bewohner erleben Energie nicht als Bedrohung durch anonyme Großprojekte, sondern als eine Steigerung ihrer unmittelbaren Lebensqualität.

Sankt Johann im Pongau, der zweite mit Gold ausgezeichnete österreichische Ort des European Energy Awards, ist gleichzeitig führende Gemeinde im Bundesland Salzburg beim österreichischen e5-Programm für Energieeffizienz. Sankt Johann im Pongau geht bei der Realisierung von umweltorientierten Energieprojekten einen Schritt über die Grenzen der eigenen Gemeinde hinaus. Gemeinsam mit der Nachbarstadt Bischofshofen wurde eine gemeindeübergreifende Wärmeversorgung auf Basis von Biomasse aufgebaut. Nebenbei wird auch Ökostrom produziert. Die Fernwärmeschiene im Salzachtal wird Schritt für Schritt um weitere Gemeinden erweitert.

Das Schweizer Gegenstück zum österreichischen e5-Programm ist das Konzept *Energiestadt*, ebenfalls eingebunden ins Netzwerk des European Energy Awards. Ähnlich wie in Österreich geht es auch in den mit dem Label „Energiestadt Gold" zertifizierten Städten Buchs, Lausanne, Luzern, Vernier und vielen anderen um kommunale Förderprogramme, Nachhaltigkeitsstrategien der lokalen Energieversorger, Kleinwasserkraft, um Solargenossenschaften und viele Einzelmaßnahmen.

Innovativ sind dabei oft nicht so sehr Technik und Anlagen, sondern die Art der Zusammenarbeit aller Beteiligten.

Zukunftsorte, eine österreichische Plattform für Zukunftsthemen, hat auch Energie als Kernthema identifiziert. Daneben stehen Programme zu Kommunikation, Bürgerbeteiligung, Architektur, Kunst oder Tourismus, Energie, Umwelt und Mobilität, die auf Basis ökologischen Engagements intensiv mit den anderen Themenfeldern verwoben werden. Die Gemeinde Werfenweng hat sich bspw. der langfristigen Entwicklung eines sanften Tourismus verschrieben. Autofreie Ferien, E-Mobilität und die Umsetzung eines energiebewussten touristischen Angebots führen zu einem Qualitätstourismus mit weiterem Ausbaupotenzial. Die Plattform Zukunftsorte zeigt, dass es sich bei Energie um keine isolierte Fragestellung handelt, sondern sie stattdessen alle Faktoren mit Bezug zu Fragen der Lebensqualität beinhaltet.

4 Netzwerk statt Zentralität – der Weg zu einem gemeinschaftlichen Energiekonzept

Josef Gochermann

Anders als in vielen zentralisierten Wirtschaftsräumen der Metropolregionen sind die Wirtschaftsakteure in den Alpenregionen durch die natürlichen Gegebenheiten der Alpen dispers verteilt. Dies gilt in gleichem Maße für die verschiedenen Infrastrukturelemente der Energiewirtschaft (regenerative Erzeugungsanlagen, lokale und regionale Kleinkraftwerke, Energiespeicher und vieles mehr). Darüber hinaus ist die Alpenregion durch unterschiedliche Kulturen und Nationen geprägt. Eine verteilte Struktur also, in der sich zentralitätsbasierte Konzepte nur sehr bedingt umsetzen lassen.

Die zunehmende Nutzung regenerativer Energiegewinnungsanlagen, in Deutschland oft unter dem Begriff Energiewende zusammengefasst, wandelt die Struktur des Energiemarktes von einer bislang auf Großkraftwerke zentralisierten hin zu einer dezentralen, verteilten Struktur. Dabei ist Dezentralität nicht das Ziel, sondern die Folge des Paradigmenwechsels, die Energieerzeugung näher an den Verbrauch zu bringen.

Ein Konzept für eine nachhaltige Erzeugung, ressourcenschonende Verteilung und sparsame Nutzung von Energie im Alpenraum muss auf diesen dezentralen und verteilten Strukturen aufsetzen. Zur Entwicklung und Umsetzung eines solchen Konzepts ist der Netzwerkansatz besonders geeignet. Im Folgenden werden

J. Gochermann (✉)
Lingen (Ems), Deutschland
E-Mail: politik@gochermann.de

O. D. Doleski, K. Lorenz (Hrsg.), *Energie der Alpen*, essentials,
DOI 10.1007/978-3-658-08383-0_4

die Grundprinzipien erfolgreicher Netzwerke beschrieben und die Eignung des Netzwerkansatzes zur Realisierung eines übergreifenden Energiekonzepts für den Alpenraum bewertet.

4.1 Netzwerkprinzipien und Erfolgsfaktoren

Unternehmen und Organisationen gehen seit jeher zur gemeinsamen Zielerreichung *Kooperationen* ein. In den vergangenen Jahrzehnten haben sich dabei Netzwerkformen herausgebildet, die nicht vorrangig prozess- und umsatzgetrieben sind.[1]

So entstanden *Innovationsnetzwerke* zur Entwicklung neuer Produkte und Prozesse, *Wissensnetzwerke* zur Generierung von Know-how und *Regionale Netzwerke* zur Stärkung kulturell und wirtschaftlich einheitlich geprägter Räume. Der Kooperationsansatz entspricht dabei zumeist dem einer strategischen Partnerschaft[2], bei der die eigenen Schwächen durch das Know-how und die Stärken eines Partners ausgeglichen werden, um gemeinsam einen größeren Markterfolg zu haben. Man kann diese Art von Netzwerken daher als „potenzialgetrieben" bezeichnen.

Ein Netzwerk besteht zumeist aus rechtlich selbständigen Netzwerkpartnern. Aufgrund deren relativer Autonomie sind diese Netzwerke polyzentrische Systeme, die aufgrund ihrer Komplexität nicht zentral gesteuert werden, sondern über viele Handlungs- und Entscheidungszentren verfügen.[3] In derartigen Netzwerken mit unterschiedlichsten Netzwerkteilnehmern existieren zwei unterschiedliche Zielebenen:

- Makroebene = Ziele des gesamten Netzwerks
- Mikroebene = individuelle Ziele der einzelnen Partner[4]

Wir haben es in solchen Netzwerken also mit einem interessenpluralistischen Ansatz zu tun. Dem übergeordneten Netzwerkziel stehen zahlreiche individuelle und bisweilen divergierende Ziele der beteiligten Unternehmen gegenüber – ein Zusammenhang, der in Abb. 4.1 mittels Pfeildarstellungen mit unterschiedlichen Richtungen visualisiert wird. Der Erfolg eines Netzwerks hängt daher stark von der Kompatibilität der individuellen Ziele der Netzwerkteilnehmer mit dem Ge-

---

[1] Vgl. Glückler (2012, S. 1).

[2] Vgl. Sydow (1992, S. 63).

[3] Vgl. Sydow (1992, S. 63).

[4] Vgl. Gochermann (2014).

Abb. 4.1 Netzwerkziele

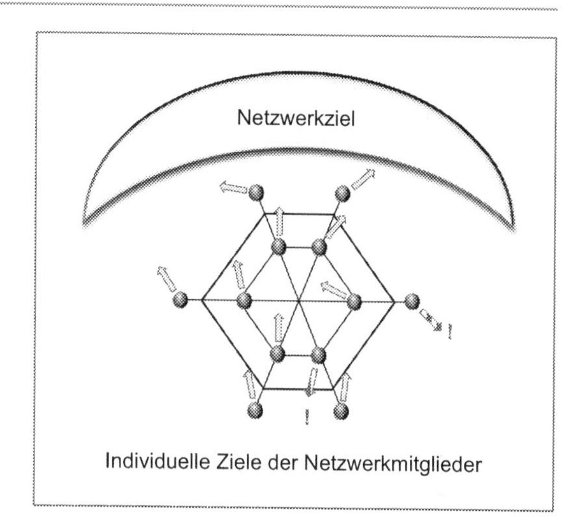

samtziel ab. Dabei macht jeder Netzwerkteilnehmer den Erfolg an jeweils individuellen Faktoren fest.[5]

Erfolgreiche Netzwerkarbeit in potentialgetriebenen Netzwerken basiert auf zwei Grundprinzipien:[6]

Gabe – Gegengabe (Reziprozität)

Netzwerkakteure müssen bereit sein, zunächst etwas einzubringen (*Gabe*), bspw. Wissen, Know-how, Erfahrungen, Zugang zu neuen Märkten, die Möglichkeit, neue Prozesse zu nutzen oder Ressourcen zu teilen. In funktionierenden Netzwerken erhält man dann ein Vielfaches zurück (*Gegengabe*). Diese Gegengabe erfolgt jedoch nicht unmittelbar, wie in „normalen" wirtschaftlichen Austauschprozessen (Geld gegen Ware). Die Zeitspanne bis zum Rückfluss ist ungewiss und kann manchmal Monate oder sogar Jahre dauern. Daher ist das zweite Grundprinzip der Netzwerkarbeit so bedeutend:

Vertrauen

Den Erhalt der Gegengabe kann man nicht durch Verträge oder andere Mechanismen absichern, wie etwa in strategisch-hierarchischen Netzwerken oder im alltäglichen Geschäftsleben. Daher spielt *Vertrauen* eine besondere Rolle. Innova-

[5] Vgl. Decker (2004, S. 85).

[6] Vgl. Gochermann und Bense (2009, Kapitel I 2.3).

tions- und Wissensnetzwerke, aber in gleichem Maße auch Regionale Netzwerke basieren sehr stark auf Vertrauen zwischen den Akteuren. Vertrauen kann jedoch nur zwischen Menschen entstehen und muss wachsen. Dies bedeutet u. a., dass personelle Kontinuität bei der Mitwirkung in einem Netzwerk gegeben sein muss. An den Netzwerktreffen sollten stets die gleichen, bekannten Unternehmens- oder Organisationsvertreter teilnehmen.

Erfolgsfaktoren für Netzwerke

Jedes Netzwerk ist einzigartig und unterscheidet sich hinsichtlich Zielsetzung und Struktur. Gleichwohl lassen sich aus empirischen Untersuchungen einige allgemeine *Erfolgsfaktoren für Netzwerke* ableiten:

- „Hohe Anzahl von Netzwerkteilnehmern: bietet höhere Wahrscheinlichkeit, einen Partner zum Ausgleich fehlender Kompetenzen oder Ressourcen zu finden.
- Freiwilligkeit der Mitgliedschaft und der Teilnahme an Aktivitäten.
- Erkennbarer Mehrwert für die Netzwerkteilnehmer, entweder direkt aus der Erreichung der individuellen Ziele oder indirekt aus der Erreichung des Netzwerkziels.
- Aktive Einbindung der Netzwerkpartner durch die Netzwerkorganisation.
- Vertrauen.
- Neutralität und Kompetenz des Netzwerkmanagers.
- Zuverlässigkeit und Verbindlichkeit der Dienstleistungen."[7]

Um ein erfolgreiches Netzwerk aufzubauen, bedarf es neben einem klaren Zielabgleich also auch einer auf Vertrauen basierenden aktiven Netzwerkmoderation.

4.2 Netzwerk „Die Energie der Alpen"

Das Ziel der Initiative „Die Energie der Alpen" ist die Erarbeitung und Umsetzung eines Konzepts für eine nachhaltige Erzeugung, ressourcenschonende Verteilung und sparsame Nutzung von Energie im Alpenraum.[8] Dieses Konzept soll nachhaltig und grenzüberschreitend sein und von allen Beteiligten, Unternehmen, Organisationen, Behörden, Bürgerinnen und Bürgern, mitgetragen werden. Diese

[7] Gochermann (2014).

[8] Siehe hierzu Kap. 2.

durch die vielen Partner aufkommende Interessenpluralität kann durch die Bildung eines Netzwerks abgebildet werden. Voraussetzung für den Erfolg dieses Netzwerks wird dabei sein, dass die vielen individuellen Einzelziele der Mitwirkenden nicht im Gegensatz zum Gesamtziel des Netzwerks stehen.

Die Motivation zum Mitmachen kann dabei sowohl potenzialgetrieben sein (Entwicklung und Einsatz regenerativer Energien, Erhalt der natürlichen Grundlagen, Schonung von Ressourcen etc.), aber ebenso auch prozess- und umsatzgetrieben. In Kap. 2 hat Doleski einige Aktivitätsfelder aufgelistet, in denen sich insbesondere Unternehmen wirtschaftlich betätigen und neue Technologien, Produkte und Dienstleistungen entwickeln und in den Markt einführen können. Das Ziel vieler Netzwerkteilnehmer kann in der Anwendung neuer Technologien und Dienstleistungen im Energiebereich liegen. Es bestünde also ganz klar darin, Innovationen zu generieren. Die Basis hierfür ist ein *Innovationsnetzwerk*.

Der grenzüberschreitende, unterschiedliche Kulturen und Strukturen vereinende Ansatz zur Schaffung und Umsetzung eines ganzheitlichen und nachhaltigen Energiekonzepts passt hingegen mehr zur Ausrichtung eines *Regionalen Netzwerks*, in dem nicht nur Unternehmen, sondern auch unterschiedliche Organisationen, regionale und lokale Verwaltungen und aktives Bürgerengagement eingebunden sind.

Ein beide Zielebenen vereinendes Netzwerk „Die Energie der Alpen“ wird daher eine Mischform darstellen. Die übergeordnete Netzwerkziele werden sowohl denen eines Regionalen Netzwerks entsprechen (Nachhaltigkeit in der Alpenregion, Ressourcenschonung, grenzüberschreitende Abstimmung, Stärkung des Images der Alpenregion etc.) als auch denen eines Innovationsnetzwerks (Anstöße für neue Verfahren, Produkte und Dienstleistungen, gemeinsame Entwicklung neuer Leistungen, Kooperationen zur Wissensumsetzung, Erschließung neuer Geschäftsfelder usw.). Hinzu kommen die individuellen Ziele der Netzwerkteilnehmer, so dass sich eine komplexe, aber bei entsprechender Transparenz auch sehr synergetische Zielpluralität ergibt.

Um diese Pluralität erfolgreich zu gestalten, muss gerade der Gründungsprozess offen, transparent und ehrlich erfolgen. Neben der klaren Zielabfrage und Zielvereinbarung wird daher zu Beginn eine deutliche Abklärung des erwarteten Nutzens stehen – und zwar des Nutzens sowohl für die Alpenregion allgemein als auch für jeden einzelnen Netzwerkteilnehmer.

5 Über den Tellerrand: Stakeholder im Alpenraum

Regina Haas-Hamannt und Klaus Lorenz

Territorial, sektoral, makroregional oder transnational – die Vize-Generalsekretärin der Alpenkonvention Simona Vrevc ruft in SzeneAlpen Nr. 99/2014, dem Themenheft der internationalen Alpenschutzkommission CIPRA, dazu auf, sich zusammenzuschließen, „um längerfristig von Europa beachtet und als Region mit spezifischen Bedürfnissen und Stärken wahrgenommen zu werden […].“[1] Sie spricht die Staaten an, sie nennt Regionen und Gemeinden, erwähnt die internationalen Organisationen und die Zivilgesellschaft. „Sie müssen eng und gut zusammenarbeiten […]“[2], fordert sie, und betont gleichzeitig, dass dies essentiell wichtig sei, wenn es darum gehe, die Strategie für die Makroregion Alpen „[…] umzusetzen und entsprechende Finanzmittel zur Verfügung zu stellen. Das wiederum hängt wesentlich von den Betroffenen in der Alpenregion ab […].“[3]

Doch wer sind die Betroffenen? Wer verleiht ihnen eine Stimme, wer repräsentiert sie? Die wichtigsten *Stakeholder* zu kennen, ist für jede grenzübergrei-

[1] Vrevc (2014, S. 9).

[2] Ebd.

[3] Ebd.

R. Haas-Hamannt (✉)
Köln, Deutschland
E-Mail: haasregina@web.de

K. Lorenz
Grevenbroich, Deutschland
E-Mail: k.lorenz@lorenz-kommunikation.de

O. D. Doleski, K. Lorenz (Hrsg.), *Energie der Alpen*, essentials,
DOI 10.1007/978-3-658-08383-0_5

fende Makroregion von größter Bedeutung. Denn Stakeholder tragen erheblich zum Gelingen – oder zum Scheitern – übergreifender Strategien bei. Finden die unterschiedlichen Interessen einen gemeinsamen Nenner, schlagen Einigungsbemühungen angesichts unverrückbarer Glaubenssätze fehl oder – eine in Zeiten des wachsenden Misstrauens gegenüber Politik bzw. Institutionen noch wichtigere Frage – woher beziehen die Stakeholder ihre Legitimierung? Vertreten sie tatsächlich die Interessen der Menschen, der Umwelt oder des Klimas oder stehen ihre eigenen Zielsetzungen im Vordergrund. Gerade infolge der für die Alpenregion charakteristischen Heterogenität in zahlreichen Handlungsfeldern ist dies ein wesentliches Faktum.

Zusammenarbeit in den Alpen besitzt eine lange Tradition. Entsprechend existieren bereits zahlreiche *Kooperationsstrukturen* zur Zusammenarbeit in Politik, Wirtschaft, Wissenschaft, Gesellschaft, Umwelt- und Klimaschutz. Einzelinteressen wurden zunächst regional, dann national und transnational gebündelt, wobei es durchaus wichtig sei, dass die regionalen Akteure mehr Einfluss auf die EU-Verwaltung bzw. Institutionen nehmen sollten, wie die Projektleiterin der Deutschen Gesellschaft für Internationale Zusammenarbeit (GIZ) Daniela Schily nach ihren Erfahrungen im Donau-Kompetenzzentrum in Belgrad schlussfolgert: „Gegenüber der Brüsseler Demokratie muss man schon hartnäckig auftreten.“[4] Es müsse lobbyiert werden, resümiert sie hinsichtlich der Arbeit der *CIPRA*, die über 100 Verbände und Organisationen aus dem Alpenraum vertritt und u. a. für eine nachhaltige Entwicklung in den Alpen eintritt. Seit mehr als 60 Jahren übrigens und damit erheblich länger als die Alpenkonvention, auf die sich im Jahr 1991 die Alpenstaaten einigten. Sie „[…] ist ein internationales Abkommen, das die Alpenstaaten (Deutschland, Frankreich, Italien, Liechtenstein, Monaco, Österreich, Schweiz und Slowenien) sowie die EU verbindet. Sie zielt auf die nachhaltige Entwicklung des Alpenraums und den Schutz der Interessen der ansässigen Bevölkerung ab und schließt die ökologische, soziale, wirtschaftliche und kulturelle Dimension ein.“[5]

Verstärktes Lobbying gilt allerdings auch für Interessenvertretungen im wirtschaftlichen Raum wie z. B. für die *Gemeinsame Energie-Initiative* der drei großen Energiewirtschaftsverbände Deutschlands, Österreichs und der Schweiz, die enger in den Bereichen Pumpspeicherkraftwerke und Netzausbau zusammenarbeiten wollen. Dies wird von einer grenzüberschreitenden politischen Allianz, bestehend aus den Energieministern in Deutschland, Österreich und der Schweiz, begleitet, die eine Erklärung unterzeichnet haben, in der sich die drei Länder dazu bekennen, ihre Pumpspeicherkapazitäten auszubauen.[6]

[4] Rübel (2014, S. 4).

[5] Alpenkonvention (2014a).

[6] Vgl. BDEW (2014).

Trotz der bereits existierenden Kooperationsstrukturen gibt es viele tiefgreifende Konflikte zwischen den Nutzungsinteressen. Der grundlegendste Streitpunkt liegt zwischen Nutzung und Schutz. In den Alpen ist bspw. die Auseinandersetzung zwischen den Naturschützern auf der einen und der Tourismusindustrie auf der anderen Seite zur Dauerfehde geworden, bei der um Autobahnen und Lifttrassen, Gletscherski und weitere Zersiedelung gerungen wird.[7]

Da sich Veränderungen schnell auf die sensible und kleinräumig strukturierte alpine Landschaft auswirken, sind die unterschiedlichen Nutzungsinteressen besonders relevant. Ob „Stromautobahnen oder exklusive Schutzgebiete, Pumpspeicher für die erneuerbare Energiezukunft Europas oder dezentrale Nutzung in Kleinstrukturen, Naturgefahrenmanagement oder intensivtouristische Erschließung, Periurbane Ergänzungsräume für die Metropolen oder demographische Entleerung […]"[8] – die Liste der konfligierenden Interessen ist lang. Nicht umsonst gelten die Alpen als „Europas größtes Turngerät"[9], an dem viele ihre Turnübungen absolvieren.

Tabelle 5.1 zeigt, dass jeder dieser Stakeholder ein *anderes Interesse* an den Alpen und ein *anderes Verständnis* über die Art und Weise sowie die Stoßrichtung der alpenweiten Zusammenarbeit hat.

Die großen Herausforderungen der Alpenregion können nur in gut vernetzten Strukturen bewältigt werden. Die Umsetzung einer Makroregion Alpen hängt maßgeblich davon ab, die Nutzungsinteressen der Stakeholder im Alpenraum auf einen *gemeinsamen Nenner* zu bringen. Bei einer integrierten Strategie können alle Beteiligten von einem gemeinsamen Vorgehen profitieren. Dazu bedarf es aber eines gemeinsamen Denkens, wie der Geograph Bernard Debarbieux fordert: „Alle Akteure im Perimeter der Alpen – Einwohner, Erwerbstätige, Eigentümer, Verwalter – sollten ein gemeinsames Verantwortungsgefühl entwickeln können. Sie sollten sich als ‚Miteigentümer' oder ‚Mitverantwortliche' einer Region fühlen, und diese Verantwortung soll sie dazu bringen zu handeln; ein wenig nach ihren eigenen Interessen, aber auch im Dienste gemeinsamer Visionen."[10]

[7] Vgl. Knauer (1999, S. 224).

[8] Bundesministerium für Wissenschaft, Forschung und Wirtschaft (2012).

[9] Knauer (1999, S. 224).

[10] Wülser (2014, S. 16).

Tab. 5.1 Stakeholder im Alpenraum (Auswahl in alphabetischer Reihung). (Quelle: In Anlehnung an Gloersen et al. (2013, S. 22 ff.); eigene Recherchen)

Stakeholder	Form	Alpenverständnis	Konzept und Idee
Allianz in den Alpen [http://www.alpenallianz.org/de]	Netzwerk von rund 300 Gemeinden aus sieben Ländern	Alpen als Natur-, Lebens-, Wirtschafts-, Kultur- und Erholungsraum	Das Netzwerk rückt die Gemeinden in den Fokus; die „Allianz in den Alpen" hat zum Ziel, die Prinzipien der Alpenkonvention auf der lokalen Ebene umzusetzen
ALPARC [www.alparc.org]	Netzwerk alpiner Schutzgebiete	Alpen als biogeographische Region	Kerngedanke des Netzwerks alpiner Schutzgebiete ist der intensive Austausch zwischen den großflächigen Schutzgebieten aller Art im Einzugsgebiet der Alpenkonvention
Alpenkonvention	Supranationales Abkommen Alpenländer und Alpenanrainerstaaten	Alpen als Natur-, Lebens-, Wirtschafts-, Kultur- und Erholungsraum	Schutz und Erhaltung der Alpen unter nachhaltiger Verwendung von Ressourcen bei Vermeidung negativer Folgen für zukünftige Generationen
Arbeitsgemeinschaft Alpenländer (ARGE ALP) [http://www.argealp.org/]	Zusammenschluss aus zehn Regionen, Provinzen, Kantonen bzw. Bundesländern Österreichs, Deutschlands, Italiens und der Schweiz	Die Alpen sind durch ein enges Nebeneinander von Kultur- und Naturlandschaften vor allem Lebens- und Wirtschaftsraum der einheimischen Bevölkerung	Im Bewusstsein der gemeinsamen Verantwortung für den alpinen Lebensraum grenzüberschreitende Zusammenarbeit auf kulturellem, sozialem, wirtschaftlichem und ökologischem Gebiet
Club Arc Alpin (CAA) [http://www.club-arc-alpin.eu/]	Dachverband der acht führenden Bergsportverbände der Alpen	Die Alpen als Raum für Freizeit, Sport und Alpinismus, jedoch unter Rücksichtnahme auf die Belange der Natur	Der CAA koordiniert und vertritt als Dachverband die Interessen seiner Mitgliederverbände auf dem Gebiet des Alpinismus, des Naturschutzes und der alpinen Raumordnung
Deutscher Alpenverein (DAV) [http://www.alpenverein.de/]	Verein	Leitbild: Wir lieben die Berge!	Der DAV setzt sich als unabhängiger Bergsport- und Naturschutzverband u. a. für eine nachhaltige Energiepolitik und einen schnellstmöglichen Umstieg hin zu einer regenerativen und vor allem nachhaltigen Energieversorgung ein

Tab. 5.1 (Fortsetzung)

Stakeholder	Form	Alpenverständnis	Konzept und Idee
Euroregion Alpes Méditerranée [http://www.euroregion-alpes-mediterranee.eu/]	Kooperation zwischen fünf französischen und italienischen Regionen	Der Alpenraum als Teil einer „kohärenten geographischen Basis", die die Zusammenarbeit rechtfertigt	In fünf Arbeitsgruppen werden Strategien und gemeinsame Projekte entwickelt
Gemeinsame Energie-Initiative der Alpenländer	Gemeinsame Initiative von Österreichs E-Wirtschaft, BDEW und VSE	Der Alpenraum als idealer Standort für den Bau von Pumpspeichern mit großen Höhenunterschieden zwischen den Speicherbecken	Energiewirtschaftsverbände aus Deutschland, der Schweiz und Österreich fordern Maßnahmen zur Verbesserung der Rahmenbedingungen für Pumpspeicherkraftwerke und Netzausbau
Interakademische Kommission Alpenforschung (ICAS) [http://icas.akademien-schweiz.ch/d/index.php]	Forschungsplattform	k. A.	Schweizer Plattform zur inter- und transdisziplinären Zusammenarbeit im Bereich der Alpen- und Gebirgsforschung
Internationale Alpenschutzkommission (CIPRA) [http://www.cipra.org/de]	NRO/NGO[a]	Lebens-, Wirtschafts- und Erholungsraum von europäischer Bedeutung	Informationsplattform und Diskussionsforum für Stakeholder
Internationales Wissenschaftliches Komitee Alpenforschung (ISCAR) [http://www.iscar-alpineresearch.org/]	Netzwerk alpiner Forschungseinrichtungen	Der Alpenraum wird primär als Ökoregion verstanden	Internationales Übereinkommen zwischen sieben Forschungseinrichtungen, die gemeinsam im Bereich alpenrelevanter Themen forschen
Verein Alpenstadt des Jahres [http://www.alpenstaedte.org/de]	Verein und Auszeichnung	Alpen als Natur-, Lebens-, Wirtschafts-, Kultur- und Erholungsraum	Der Verein fungiert als Zusammenschluss von Alpenstädten, denen der Titel „Alpenstadt des Jahres" verliehen wurde; damit werden urbane Zentren der Alpen für ihr Engagement bei der Umsetzung der Alpenkonvention ausgezeichnet

[a] NRO steht für *Nichtregierungsorganisation*; die englische Entsprechung NGO steht für *Non-governmental Organization*.

6 Online-Bürgerbeteiligung bei der Entwicklung der Alpenregion

Thomas Krämer

Die Zivilgesellschaft fordert mehr und mehr die unmittelbare Anhörung und Beteiligung bei Entscheidungen, die ihr unmittelbares Lebensumfeld betreffen. Dies gilt gerade bei Infrastrukturprojekten, die das Landschaftsbild verändern (können).

Mit der Verordnung 347/2013 hat die Europäische Union deshalb Leitlinien veröffentlicht, die beim Ausbau einer transeuropäischen Infrastruktur zu berücksichtigen sind. Darin wird ausdrücklich darauf hingewiesen, dass es zwar Möglichkeiten der Öffentlichkeitsbeteiligung in den formal vorgeschriebenen Beteiligungsverfahren gibt, gleichzeitig aber darüber hinaus der Bedarf besteht, „[…] für alle relevanten Angelegenheiten im Genehmigungsverfahren für Vorhaben von gemeinsamem Interesse die höchstmöglichen Standards in Bezug auf Transparenz und die Beteiligung der Öffentlichkeit sicherzustellen."[1]

Um Infrastrukturprojekte umsetzen zu können, ist ein informeller Ansatz erforderlich, der möglichst alle Stakeholder erreicht, die lokalen Diskurse bei Bedarf in einen übergreifenden Zusammenhang setzt und Grundlagen für Entscheidungen liefert.

[1] Europäisches Parlament (2013, Absatz 30).

T. Krämer (✉)
Bonn, Deutschland
E-Mail: tk@ontopica.de

O. D. Doleski, K. Lorenz (Hrsg.), *Energie der Alpen*, essentials,
DOI 10.1007/978-3-658-08383-0_6

6.1 Anforderungen bei der Umsetzung informeller Online-Bürgerbeteiligung in der Alpenregion

Die konkrete Zielsetzung und Ausgestaltung eines *transnationalen Dialogprozesses* zur energetischen Nutzung der Alpenregion sollte im Sinne der Legitimation des Prozesses erst nach sorgfältiger Analyse und einem ersten Austausch mit den jeweiligen Akteurslandschaften erfolgen. Insbesondere die Heterogenität der Alpenregion lässt dies zu einer großen Herausforderung werden. Dennoch lassen sich Anforderungen und Erwartungen an ein *Beteiligungsverfahren* für die Alpenregion mit Stakeholdern in acht Ländern formulieren, ohne die inhaltlichen oder methodischen Fragen vorwegzunehmen:

- **Transnationaler Dialog**
  Informationen und Partizipationsmöglichkeiten sollen in mehreren Sprachen verfügbar sein, und Beziehungen zwischen den Übersetzungen derselben Sache sichtbar werden.
- **Kulturelle Unterschiede**
  Voneinander abweichende Bewertungen vor allem von umfänglichen Infrastrukturprojekten sind wegen der unterschiedlichen kulturellen Prägungen der Teilnehmer zu erwarten. Diese kulturell bedingten Differenzen sollen ohne Bewertung sichtbar gemacht und in die Abwägung mit eingebracht werden.
- **Gesicherte Informationen**
  Informationen über rechtliche, geologische, technische, soziale oder ökologische Sachverhalte müssen zuverlässig und überprüfbar sein. Ein Netzwerk von vertrauenswürdigen Experten stellt fachliche Informationen bereit und steht für Klärungen zur Verfügung.
- **Rechtliche Rahmenbedingungen**
  Der Berücksichtigung der rechtlichen Aspekte kommt aufgrund der unterschiedlichen Gesetze und Verordnungen auf regionaler, nationaler und europäischer Ebene eine besondere Bedeutung zu. Die Diskurse in den einzelnen Regionen sollen die rechtlichen Rahmenbedingungen bereits berücksichtigen. Denkbar ist die Mandatierung von Experten durch die teilnehmenden Gebietskörperschaften oder, sofern bereits in laufenden regionalen Verfahren beauftragt, die Inanspruchnahme der Expertise von Juristen im jeweiligen Vorhaben, die im Dialog auf rechtliche Möglichkeiten und Grenzen der Gestaltung verweisen.

Umgekehrt wird durch das explizite Verweisen auf Verordnungen, Gesetze und Erlasse eine qualifizierte Rückmeldung für die Gesetzgeber geschaffen, die für die Justierung der rechtlichen Rahmenbedingung hilfreich ist.

- **Deliberation und Synopse**
  Im Dialog sollen lokale und übergreifende Fragen zu Energie-Infrastrukturprojekten in den Alpen erwogen und diskutiert werden. In der Gesamtschau der Argumente für oder gegen eine Handlungsoption sollen klare Empfehlungen ableitbar und der Einfluss vorangegangener Stellungnahmen nachvollziehbar sein.
- **Teilnehmer, Identifikation und Adressaten**
  Der Empfänger des Dialogergebnisses muss klar benannt sein.
  Der Dialog soll der Diversität der Interessengruppen Rechnung tragen und Bürger, Wirtschaftsvertreter, Politik, Verwaltung, NGO und andere Träger öffentlicher Belange einbeziehen. Die Teilnehmer identifizieren sich lokal zwar stark mit ihrer unmittelbaren Umgebung, darüber hinaus jedoch nicht über einen starken formellen oder informellen gemeinsamen Nenner. Im Lauf des Verfahrens werden sich Netzwerkstrukturen herausbilden, die für bestimmte Räume und Themen adressierbar werden. Die Rolle, die einzelne Teilnehmer dabei einnehmen, kann explizit abgefragt werden, ist aber auch implizit anhand eingereichter Beiträge bestimmt. Die so entstehenden kontext- und raumbezogenen Akteursnetzwerke weisen über den wachsenden Austausch eine höhere Identifikation auf.
- **Bewertung der Potenziale: übergreifende und lokale Fragen**
  Der inhaltliche Schwerpunkt des Dialogs sind Fragen zu potenziellen Infrastrukturprojekten in der Alpenregion. Dabei sollen Chancen, Risiken, Stärken und Schwächen von Technologien allgemein, konkrete Infrastrukturvorhaben hingegen lokal diskutiert werden.
- **Zeitliche Ausrichtung**
  Aufgrund der Art der Projekte und der rechtlich vorgegebenen formellen Verfahren wird der Prozess in mehreren Schritten über einen Zeitraum von mindestens fünf Jahren zu konzipieren sein. Abbildung 6.1 illustriert Teilnehmern auch über längere Zeiträume, wie die vergangene Diskussion in den Stand der Planung eingeflossen ist.

Maßnahme MT007

Energiemaisanbau reduzieren und an Auflagen koppeln

Durch die Einführung des "nawaRo-Bonus" (Bonus für Strom aus nachwachsenden Rohstoffen) im Jahr 2009 stieg die Fläche für den Anbau von "Energiepflanzen" stetig an. Besonders der Mais stellt aufgrund der hohen Methanausbeute und des bekannten Anbauverfahrens eine interessante Energiepflanze für die Erzeugung von Biogas dar. Der zunehmende Maisanbau wird aus unterschiedlichen Perspektiven jedoch kritisch betrachtet, da dem Mais im Vergleich zu anderen Getreidearten ein vergleichsweise hohes Risiko zur Auswaschung und Erosion nach gesagt wird. Eine Möglichkeit die Ausweitung des Energiepflanzenanbaus zu verhindern besteht z.B. in einem restriktiven Genehmigungsverfahren für Grünlandumbruch oder durch das Verpflichten zu bestimmten Auflagen, welche zum Beispiel in den Cross-Compliance-Vorschriften oder des EEG verankert werden könnten. Eine mögliche Auflage kann zum Beispiel das Eingliedern des Mais in eine Fruchtfolge zur Verhinderung einer Monokultur sein.

finde ich gut	8
finde ich nicht gut	0
Ebene der Umsetzung	Bund
Kostentendenz	niedrig
CO_2-Minderungspotenzial	nicht quantifizierbar
Zuständig	Politik

Schlagwort

Nachhaltigkeit (3) Strom (13) Wärme (9)

Zielgruppe

Landwirtschaft (11)

Hergeleitet aus:

- Quote für Maisnutzung bei Biogas festlegen
- Maisanbau für Biogasanlagen verbieten

Abb. 6.1 Bezug zwischen konkreten Stellungnahmen der Teilnehmer und Absätzen in relevanten Gesetzen

6.2 Transparenz – umfassend informieren

In einem *transparenten Planungsverfahren* werden der Stand der Planungen, Entscheidungswege, umfassende fachliche Informationen und Gutachten sowie der Ablauf des Planungsverfahrens verständlich formuliert und sind öffentlich einsehbar. Angesichts der unterschiedlichen Landessprachen und des hohen Grades an übergreifendem Fachwissen wie bspw. zu technischen, geologischen und gesetzlichen Rahmenbedingungen einerseits und regionalen, ökologischen, sozialen und wirtschaftlichen Besonderheiten andererseits ist dieser Anspruch allerdings nur umsetzbar, wenn wesentliche Wissensträger für den Prozess gewonnen werden.

Die wesentlichen *Kennzahlen* und *Indikatoren* sollten möglichst ortsgenau oder grafisch dargestellt werden. Mengenverhältnisse können so auch von Laien schneller erkannt und divergierende Entwicklungen besser verdeutlicht werden. Auf diese Weise werden Potenziale und Bedarfe der eigenen Region vergleichbar und können mit denen anderer Regionen in Beziehung gesetzt werden. Als ein gutes Beispiel sei hier das *Regionale Energiekonzept Oderland-Spree* aus dem Jahr 2012 genannt. Die beiden Landkreise Oder-Spree, Märkisch-Oderland und die Stadt Frankfurt/Oder wurden zunächst umfassend informiert. Es wurde dabei entlang der Bereiche „Erzeugung & Transport", „Energie-Effizienz" und „Arbeit & Geld" über Verbrauch und Potenziale in der Region aufgeklärt. Abbildung 6.2 zeigt beispielhaft die Aufbereitung der Bestandsaufnahme.

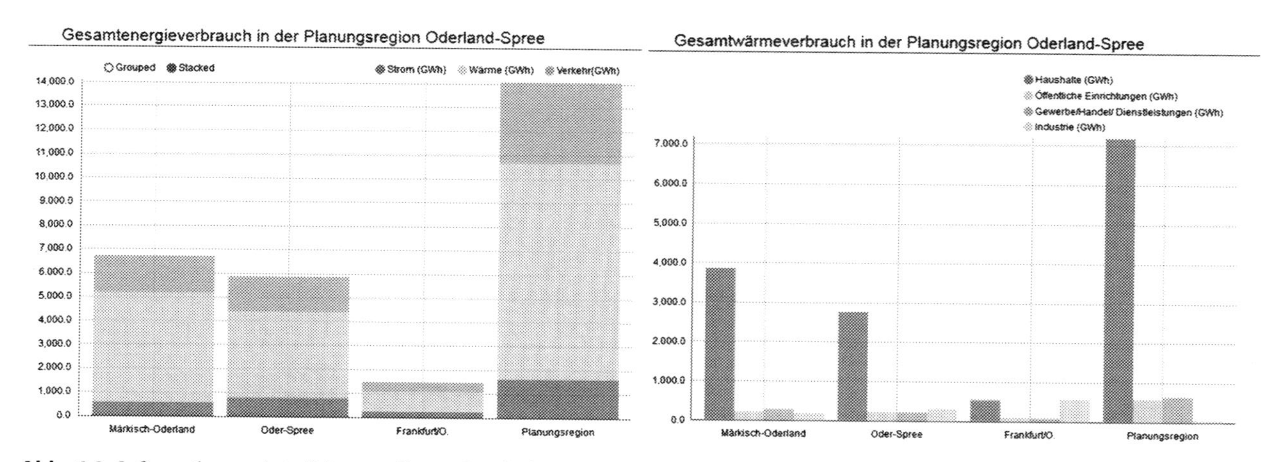

Abb. 6.2 Information und Aufklärung: Bestandsaufnahme zum Energieverbrauch beim Regionalen Energiekonzept Oderland-Spree. (Eigene Darstellung auf Basis von Rohdaten der Regionalen Planungsgemeinschaft Oder-Spree (2014))

6.3 Von Information zu Partizipation

Zusätzlich zur Veröffentlichung in Form von Dokumenten, Infografiken und thematischen interaktiven Landkarten gibt es weitere Instrumente, deren Einsatz in Betracht gezogen werden kann. Ein systemischer Ansatz, der dem Prozesscharakter des Planungsverfahrens und der Interdependenz unterschiedlicher Faktoren Rechnung trägt, ließe sich als „Serious Game" umsetzen. Über eine *interaktive Simulation* könnten Teilnehmer aktiviert werden, die andernfalls kaum Interesse für komplexere Fragestellungen aufbringen.

Wie kann bspw. das beste ÖPNV-Angebot erreicht werden? Das Serious Game BusMeister[2] versetzt den Spieler in die Rolle des Verkehrsplaners, der über Schieberegler die Simulation des Stadtverkehrs beeinflussen kann. Abbildung 6.3 rechts zeigt das Ergebnis, bei dem die eigene Planung mit einer Vorgabe oder der wirklichen Tagesleistung in einem Stadtgebiet verglichen wird.

Viele existierende Lösungen haben experimentellen Charakter.[3] Ein komplexeres Modell kommt der Realität näher als ein stark vereinfachendes. Der Aufwand in Herstellung und Nutzung ist jedoch erheblich höher. In der Stadtentwicklung gibt es bereits aussichtsreiche Ansätze, wie anhand vieler Planungsvorschläge einzelner Teilnehmer ein kollaboratives Modell ermittelt werden kann, das die unterschiedliche Gewichtung vieler Faktoren vereinheitlicht und in einen konkreten, räumlichen Umsetzungsvorschlag mündet.

Mit der App Unlimited Cities kann ein Nutzer während einer Begehung vor Ort den Ist-Zustand über Parameter wie Bebauungsdichte, Begrünung, Mobilität, öffentliches Leben, digitale Stadtmöblierung und Kreativität verändern.[4] Abbildung 6.4 zeigt Unlimited Cities für das Stadtviertel La Pompignane/Montpellier. Ist der nach persönlichem Ermessen beste Mix erreicht, können die finanziellen Auswirkungen auf die kommenden Haushaltsjahre sofort eingesehen werden. Darüber hinaus werden die Daten an einen zentralen Server gesendet und mit den Präferenzen der anderen Teilnehmer in Beziehung gesetzt.

Die stark interaktiven Elemente erfüllen eine Reihe wichtiger Funktionen im Sinne einer deliberativen Auseinandersetzung mit dem Planungsgegenstand. Durch sie werden Anreize geschaffen, dass sich Teilnehmer mit mehr als den bislang berücksichtigten Faktoren und tiefergehend mit den Positionen anderer Gruppen beschäftigen.

---

[2] Das Serious Game BusMeister ist abrufbar unter http://wiendream.com/2GCS.com/busmeister-game/.

[3] Vgl. Poplin (2011).

[4] Die App ist abrufbar unter http://www.unlimitedcities.org/application/VSLapp2.php?lang=en.

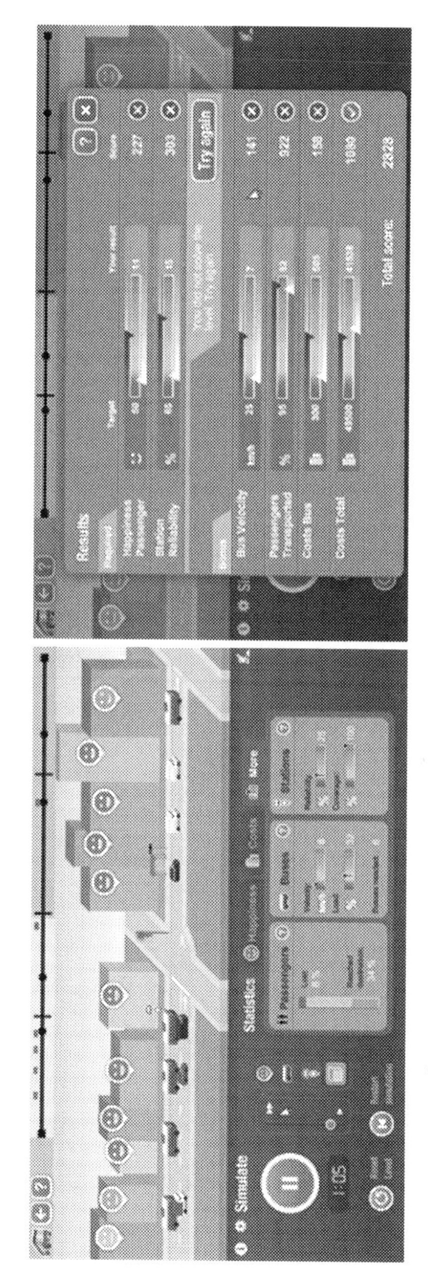

Abb. 6.3 Das beste ÖPNV-Angebot selbst gestalten und vergleichen

Abb. 6.4 Offizielle Planung und Präferenzen der Teilnehmer werden in Beziehung gesetzt

- **Lernen und über spielerische Elemente Wissen transferieren**
  Für Faktenwissen sind einfache Quiz geeignet, die dem Teilnehmer Feedback über seine Antwort geben. Für prozedurales Wissen eignen sich einfache Simulationen oder Serious Games.
- **Komplexe Zusammenhänge auf Karten und Animationen abbilden**
  Zwar ist es aufwändig, die Ergebnisse eines Gutachtens in einer Animation darzustellen, doch verringert es den kognitiven Aufwand der Teilnehmer – auch für Fachfremde – und vereinfacht den Einstieg in die Thematik.
- **Dialog fördern und Perspektivenwechsel ermöglichen**
  Durch einen Perspektivenwechsel findet eine Neubewertung der Situation statt. Feedback über die eigenen Beiträge fördert die Bereitschaft, sich mit bislang nicht berücksichtigten Faktoren auseinanderzusetzen. Dies ist eine Voraussetzung für eine Einstellungsänderung.[5]

6.4 E-Partizipation organisieren und begleiten

Dreh- und Angelpunkt für die systematische Organisation und Begleitung eines langfristigen Planungsprozesses ist eine *zentrale Beteiligungsplattform*. Dort werden alle Informations- und Partizipationsangebote zusammengeführt. Informationen sollten dabei nicht notwendigerweise erneut redaktionell bearbeitet werden müssen. Stattdessen sollen bestehende, gesicherte Informationen von Primärquellen automatisch aggregiert werden.

Die Informations- und Beteiligungsangebote sollten *ortsbezogen* sein – sogenannte *In-situ-Partizipation*. Bei der Ankündigung von Veranstaltungen sollte der geographische Raum, auf den sich eine Aussage oder eine Veranstaltung bezieht, berücksichtigt werden. Im einfachsten Fall wird dies über die GPS-Sensoren von Smartphones umgesetzt, die es ermöglichen, ein Video, Foto, Audio-Mitschnitt oder einen Textbeitrag in einen laufenden Diskurs einzugeben. Damit können die Aktivitäten vor Ort, wie Begehungen oder Baubesichtigungen, dokumentiert und mit der Onlinebeteiligung verknüpft werden.

Soziale Medien können einen positiven Beitrag dabei leisten, die Reichweite von Beteiligungsverfahren zu erhöhen und eine grundsätzliche Aufmerksamkeit für das Thema Energie in den Alpen herzustellen. Über sie können Multiplikatoren erreicht werden, die ihre Netzwerke außerhalb sozialer Medien aktivieren können. Soziale Medien bieten jedoch keine Unterstützung für deliberative Prozesse wie Moderation, Delegation von Aufgaben und Berechtigungen. Das methodische

[5] Vgl. Schnelle und Voigt (2012, S. 26).

Repertoire ist meist auf eine Kommentarfunktion und eine bestimmte Bewertungsmöglichkeit beschränkt. Darüber hinaus sollte für die Wahrnehmung unterschiedlicher Aufgaben und Rollen (z. B. Onlineredakteure, Onlinemoderatoren, Community Manager, Social Media Manager) genügend qualifiziertes Personal zur Verfügung stehen.

7 Initiative „Die Energie der Alpen"

Klaus Lorenz

„Die Energie der Alpen" – ein Thema, das zu Diskussionen anregt. Je nachdem, in welchem Umfeld die Auseinandersetzung stattfindet, prallen Meinungen aufeinander, teils unversöhnlich, weil dogmatisch, teils nachdenklich, weil sorgenvoll in die Zukunft blickend. Unterschiedlichste Positionen, die aber ein gemeinsamer Nenner eint: das Faszinosum Alpen.

Warum sind die Berge so anziehend? Der Film „Die Alpen – unsere Berge von oben" gibt eine Antwort: „Der Blick aus der Vogelsicht eröffnet ganz neue Perspektiven der majestätischen und vielfältigen Welt der Alpen. Unsere Heimat, die wir glauben zu kennen, ist von oben kaum wieder zu erkennen: Serpentinen werden zu abstrakten Gemälden, Bilder von Felsformationen erinnern an Mondlandschaften und Bergdörfer sehen aus wie Puppenhäuser. […] Dabei ist ‚Die Alpen – unsere Berge von oben' auch ein Streifzug durch die Geschichte und die Geographie der Alpen, der zeigt wie einzigartig und schützenswert unsere Bergwelt ist und wie der Mensch versucht, sich diesen Naturraum zu eigen zu machen."[1]

Diese Beschreibung umfasst das gesamte Spektrum der Gefühle und Fakten, die den Hintergrund der *Initiative „Die Energie der Alpen"* ausmacht: Die in ihrer Vielfältigkeit einmalige Natur steht im Widerspruch zu den Bemühungen des Men-

[1] Bardehle und Lindemann (2013, www.diealpen-vonoben.de/inhalt.html).

K. Lorenz (✉)
Grevenbroich, Deutschland
E-Mail: k.lorenz@lorenz-kommunikation.de

O. D. Doleski, K. Lorenz (Hrsg.), *Energie der Alpen*, essentials,
DOI 10.1007/978-3-658-08383-0_7

schen, sich der Potenziale dieses Naturraums aus wirtschaftlicher Sicht zu bemächtigen.

Doch so unterschiedlich wie die Meinungen der verschiedenen Beteiligten aus Politik, Wirtschaft, Wissenschaft, Umwelt- und Klimaschutz, Kultur oder Zivilgesellschaft zur Thematik Energiegewinnung in und aus den Alpen inhaltlich ausfallen und vorgetragen werden, so unterschiedlich geraten auch die Lösungen, die in den acht Alpenländern gesucht werden, um die Versorgung mit Strom – auch für die zunehmende Nutzung von E-Mobility –, Gas und Wärme sicherzustellen. Was in einem Tal in Deutschland gilt, muss nicht zwangsläufig auch erste Wahl für ein Tal in Österreich oder Slowenien sein.

Wobei sofort vorsorglich angemerkt werden muss, dass mit der *Initiative „Die Energie der Alpen"* nicht der Versuch unternommen werden soll, die deutsche Energiewende auf alle anderen Alpenländer und Alpenanrainerstaaten Frankreich, Italien, Liechtenstein, Monaco, Österreich, Schweiz oder Slowenien eins zu eins zu übertragen – eine Überzeugung, die keineswegs von einer ablehnenden Grundhaltung gegenüber der Energiewendeidee per se zeugt, sondern einfach der Tatsache geschuldet ist, dass die Voraussetzungen für eine langfristige Umorientierung der Energieversorgung von konventionellen auf erneuerbare Energieträger in jedem Land unterschiedlich sind: einerseits die natürlichen oder technologischen, andererseits aber auch die historischen, gesellschaftspolitischen oder kulturellen Bedingungen.

> In geografischer Hinsicht besteht der Alpenraum aus einem Kerngebiet, das sich mit dem Anwendungsbereich der Alpenkonvention deckt, einer Reihe von Voralpengebieten und angrenzenden Regionen. Topografische Zwänge haben einen Raum mit ausgeprägten Kontrasten hinsichtlich wirtschaftlicher Entwicklung, soziodemografischer Trends und kultureller Modelle geschaffen. Zugleich sind jedoch auch die einzigartige Landschaft der Alpen, die außerordentlich hoch entwickelte Tourismusindustrie, die Wasserressourcen und deren Potenzial für die Erzeugung erneuerbarer Energie gleichermaßen mit der alpinen Topografie verknüpft.[2]

„Dies bedeutet jedoch nicht", heißt es an anderer Stelle im Abschlussbericht einer Expertengruppe, der im Auftrag des Gemeinsamen Technischen Sekretariats Europäische Territoriale Zusammenarbeit Alpenraumprogramm unter dem Titel „Strategieentwicklung für den Alpenraum" zur abgelaufenen Förderperiode des Alpenraumprogramms erstellt wurde, „[…] dass der Alpenraum der transnationalen Zusammenarbeit von topografischen Kriterien bestimmt wird. Der Alpenraum geht vielmehr aus Regionen hervor, die sich mit den Alpen identifizieren und die der

[2] Gloersen et al. (2013, S. 8).

Ansicht sind, dass Dialog, Kooperation oder Integration mit Nachbarregionen auf der Basis einer gemeinsamen alpinen Identität von besonderer Relevanz sind."[3]

Das Kerndokument der EU-Strategie für den Alpenraum (EUSALP) listet im zweiten Abschnitt „Allgemeiner Rahmen" weitere zahlreiche spezifische Merkmale auf, die besondere Aufmerksamkeit verdienen. Ca. 70 Mio. Menschen leben hier, eine intensivere Zusammenarbeit sei möglich, weil alle Partner über ausgereifte und stabile Verwaltungen verfügten, eine unterschiedlich ausgeprägte Wohlstandsstruktur bei wettbewerbsfähigen, marktorientierten und spezialisierten Volkswirtschaften mit hoher Lebensqualität, gesellschaftlicher und politischer Stabilität sowie hohem Innovationspotenzial. Lokale, regionale, nationale und internationale Verkehrsströme seien zu einer hohen Belastung für Mensch und Umwelt geworden, sozialer Zusammenhalt und regionale Entwicklung basiere auf dem Kulturerbe des Alpenraums.[4] Und weiter heißt es unter Punkt 9: „Globale Fragen, wie der internationale wirtschaftliche Wettbewerb oder der Klimawandel, aber auch spezifischere Herausforderungen wie die wachsende Anzahl älterer Menschen in Europa oder der Rückgang der biologischen Vielfalt in den Alpen unterstreichen die Notwendigkeit, (neuerlich) über die Fähigkeit des Alpenraums nachzudenken, ein Entwicklungsmodell beizubehalten, das eine nachhaltige Nutzung alpiner Ressourcen, wie Wasser und Biomasse, gewährleistet."[5] Eine Herausforderung sondergleichen.

> Paradoxerweise sind für die meisten Alpenbewohner (Wirtschaftsakteure, gewählte Vertreter, Institutionen und andere Organisationen) weder die Alpen noch der Alpenraum das primäre funktionale und politische Umfeld. Die in den Alpen lebenden Menschen fühlen sich in erster Linie einer Region, einem Tal, einer lokalen Gemeinschaft und einem Land verbunden. In den Alpen angesiedelte Unternehmen interagieren mit Geschäftspartnern und Kunden, die innerhalb ihrer funktionalen Wirtschaftsregion angesiedelt sein können, in der Regel aber auch in zahlreichen Metropol- und Stadtregionen rund um die Alpen. Auch sind sie in den um die Weltstädte herum strukturierten globalen Wirtschaftskreisen gut integriert. Ganz ähnlich gründet der Erfolg von Forschungs- und Bildungsinstitutionen in den Alpen in erster Linie nicht auf Netzwerken innerhalb der Alpen, sondern auf der Fähigkeit, Kooperations- und Austauschnetzwerke mit relevanten nationalen und internationalen Partnerorganisationen zu entwickeln.[6]

[3] Gloersen et al. (2013, S. 18).

[4] Vgl. Europäische Kommission (2014, S. 1 f.).

[5] Europäische Kommission (2014, S. 2).

[6] Gloersen et al. (2013, S. 18).

Vor diesem Hintergrund setzt die *Initiative „Die Energie der Alpen*“, gegründet von einem nordrhein-westfälischen und einem bayerischen Unternehmen, mit Sitz in der Nähe des Starnberger Sees, einen auf mehrere Jahre angelegten Prozess auf, um aus privatwirtschaftlicher Sicht unter Einbindung aller interessierten Stakeholder in allen Alpenländern, institutionalisiert oder privat, die Formulierung einer makroregionalen Strategie – ähnlich wie für den Ostsee- und Donauraum – zu unterstützen und folgenden Grundsätzen der EU-Kommission zu entsprechen:

- „*Integration* – Die Ziele sollten in bestehende politische Rahmen (EU, regional, national, lokal, Heranführung), Programme (EU, länderspezifisch, territoriale Zusammenarbeit, branchenspezifisch) und Finanzinstrumente eingebettet werden;
- *Koordinierung* – Bei Maßnahmen, Strategien und Finanzierungsmitteln sollte eine Abschottung zwischen Branchen, Akteuren oder Governance-Ebenen vermieden werden;
- *Zusammenarbeit* – Länder und Branchen sollten im gesamten Raum zusammenarbeiten, die Denkmuster sollten sich ändern und die Ideen für die regionale Entwicklung sollten sich statt nach innen nach außen richten;
- *Multi-Level-Governance* – Politische Entscheidungsträger auf verschiedenen Ebenen sollten besser zusammenarbeiten, ohne dass neue Entscheidungsebenen geschaffen werden;
- *Partnerschaft* – Auf der Grundlage gemeinsamer Interessen und gegenseitigen Respekts können EU und Nicht-EU-Staaten zusammenarbeiten.“[7]

Die Gründer der Initiative setzen bewusst darauf, die *Umsetzung der Alpenkonvention* zu unterstützen, in deren Artikel 2, Allgemeine Verpflichtungen, Abs. 2 (k) für Maßnahmen im Gebiet Energie folgende Regelung gilt: „Energie – mit dem Ziel, eine natur- und landschaftsschonende sowie umweltverträgliche Erzeugung, Verteilung und Nutzung der Energie durchzusetzen und energieeinsparende Maßnahmen zu fördern […].“[8]

Die Initiatoren von „Die Energie der Alpen“ wollen einen breit angelegten Prozess auf der Basis der in Abb. 7.1 dargestellten *Zielsetzungen*, *Handlungsfelder* und *Instrumente* – wie des Internets und in Form von Veranstaltungen und Publikationen – installieren, der über Lösungen für die Strom-, Gas- und Wärmeversorgung in der „Gesamtregion Alpen“ auf regenerativer Basis informiert, sie diskutiert und ihre Implementierung anregt und verfolgt:

---

[7] Europäische Kommission (2013, S. 3 f.).

[8] Alpenkonvention (1991, S. 56).

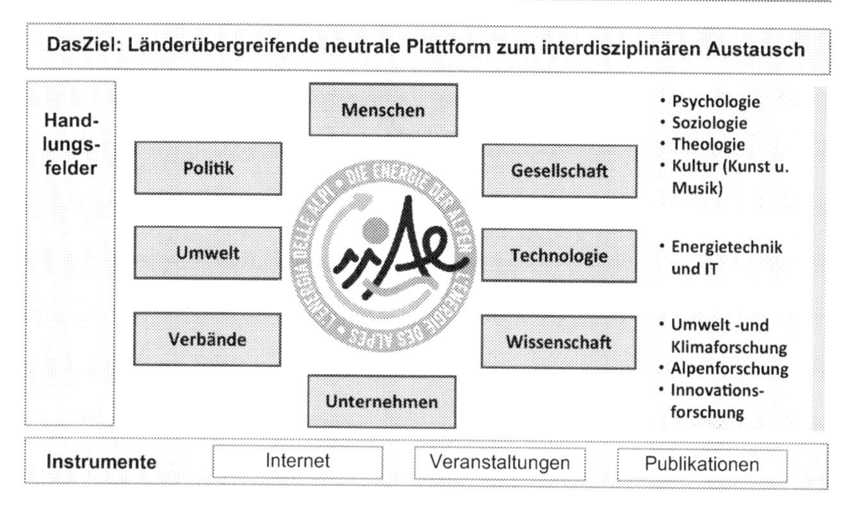

Abb. 7.1 Zielsetzung und Handlungsfelder der Initiative „Die Energie der Alpen"

- unter Beachtung der Voraussetzungen von Natur und Klima,
- unter Beachtung der Bedürfnisse der hier lebenden Menschen,
- unter Betrachtung der Wertschöpfung für Unternehmen aller Branchen,
- unter Beachtung der formellen und informellen Voraussetzungen in Form von regional, national und international geltenden politischen Rahmenbedingungen und juristischen Vorgaben wie Gesetzen und Verträgen oder Arbeitsergebnissen unterschiedlicher Arbeitsgruppen, Konferenzen etc. der zu beteiligenden Stakeholder,
- unter Bezugnahme auf die EU-Verordnung 347/2013, die die Leitlinien für eine angemessene und verständliche Beteiligung der Bürgerinnen und Bürger des Alpenraums unter Beachtung der Interessen der angrenzenden Metropolregionen vorgibt,
- sowie unter Berücksichtigung historischer, sozialer und gesellschaftspolitischer Faktoren.

Die Alpen sind faszinierend. Die große Herausforderung wird es sein, über Länder- und Regionalgrenzen hinweg die gemeinsame Identität der hier lebenden Menschen und tätigen Unternehmen zu stärken, Emotionen den notwendigen Raum zu geben und trotzdem sachliche, praktikable Lösungen zu erzielen. Die größten Bedenken bzw. Hindernisse, dies zu erreichen, liegen in dem teilweise auf allen Seiten feststellbaren dogmatischen Denken und dem Festhalten an alten, gewohnten Strukturen; im wirtschaftlichen Sektor fehlt es an einem gemeinsamen Verständnis insbesondere hinsichtlich Innovation und über die Zielsetzung einer koordinierten Entwicklung. Dies aufzubrechen und zu einem „neuen" Denken auch aus ungewohnter Blickrichtung quasi zu verführen, wird eine der Hauptaufgaben innerhalb dieses Prozesses sein, initiiert von Menschen, die es gewohnt sind, über den Tellerrand hinauszuschauen und Kompromisse zu schließen, wo es notwendig und möglich ist.

Die Frage nach der zukünftigen Energieversorgung in den Alpen und darüber hinaus in Gesamteuropa ist verbunden mit der Frage danach, wie wir in Zukunft leben wollen. Es ist eine Frage nach der Basis, auf der wir unseren wirtschaftlichen, kulturellen und natürlichen Standard halten bzw. ausbauen wollen – ggf. auch durch Verzicht. Die Energiefrage gehört zu den Kernthemen, auf die sich die Diskussionen – auch die gesellschaftspolitischen – konzentrieren sollten. Die mitteleuropäischen Gesellschaften haben in ihrer jeweiligen nationalen Ausprägung in der Vergangenheit aus ihrer gewachsenen Subsidiarität großen Nutzen gezogen. Heute kann das politische Europa den großen Rahmen vorgeben, und die im Alpenraum agierenden Unternehmen und Menschen erarbeiten mit der entsprechenden Unterstützung die konkreten Lösungen.

Es gibt bereits viele Initiativen, Netzwerke und Plattformen. Manche bleiben auf kommunaler Ebene, andere sind politisch ausgerichtet, und wieder andere versuchen Energieversorgungsunternehmen zu vernetzen. Es fehlt jedoch an einem gesamtheitlichen und übergreifenden Ansatz für Energie in den Alpen, an dem alle Interessierten mitarbeiten können.

Mit der *Initiative „Die Energie der Alpen"*, die im Jahr 2015 startet, wird dem Ziel der EU-Kommission für das Gelingen einer makroregionalen Zusammenarbeit entsprochen: „[…] ein Gefühl der regionalen Identität, den Wunsch nach gemeinsamer strategischer Planung und die Bereitschaft zur Bündelung von Ressourcen"[9] zu befördern.

[9] Europäische Kommission (2013, S. 3).

Was Sie aus diesem Essential mitnehmen können

- Übersicht über die wesentlichen energiewirtschaftlichen Grundlagen der Versorgung des Alpenraums
- Kenntnis ausgewählter Ansätze der Bürgerbeteiligung bei der Entwicklung alpiner Versorgungskonzepte
- Hintergrundinformationen zur länderübergreifenden Initiative „Die Energie der Alpen"

O. D. Doleski, K. Lorenz (Hrsg.), *Energie der Alpen,* essentials,
DOI 10.1007/978-3-658-08383-0

Literatur

Alpenkonvention (1991). Rahmenkonvention. Salzburg, 7. November 1991.
Alpenkonvention (2014a). Die Konvention. http://www.alpconv.org/de/convention/default.html. Zugegriffen am 18. Okt. 2014.
Alpenkonvention (2014b). Vertragsparteien der Alpenkonvention. http://www.alpconv.org/de/organization/parties/default.html. Zugegriffen am 26. Sep. 2014.
Alpenverein (2011). Energiepolitik in den Alpen – Ziele, Forderungen und Positionen des Deutschen Alpenvereins. Oktober 2011.
Appelrath, H.-J. et al. (2012). Future Energy Grid – Migrationspfade ins Internet der Energie. acatech Studie, Februar 2012.
BDEW (2014). Gemeinsame Energie-Initiative der Alpenländer. Presserklärung vom 04. Juli 2013. http://www.bdew.de/internet.nsf/id/20130704-pi-gemeinsame-energie-initiative-der-alpenlaender-de. Zugegriffen am 18. Okt. 2014.
Bundesministerium für Wissenschaft, Forschung und Wirtschaft (2012). Einladung Stakeholder Dialog „Strategie-Entwicklung für den Alpenraum" am 27.9.2012. http://www.clusterplattform.at/index.php?id=25&tx_ttnews[tt_news]=113&cHash=c69f6eddb3ba09242ea0f5f66f00c1c5. Zugegriffen am 18. Okt. 2014.
Bundesnetzagentur (2011). „Smart Grid" und „Smart Market". Eckpunktepapier der Bundesnetzagentur zu den Aspekten des sich verändernden Energieversorgungssystems. Bonn, Dezember 2011.
Claus, F. et al. (2013). Mehr Transparenz und Bürgerbeteiligung – Prozessschritte und Empfehlungen am Beispiel von Fernstraßen, Industrieanlagen und Kraftwerken. Bertelsmann Stiftung. http://www.bertelsmann-stiftung.de/cps/rde/xbcr/SID-A0C5A95D-55D2370D/bst/xcms_bst_dms_37843__2.pdf. Zugegriffen am 02. Okt. 2014.
CIPRA (2014). Die Alpen. http://www.cipra.org/de/alpenpolitik/alpen. Zugegriffen am 26. Sep. 2014.
Decker, R. (2004). Erfolgsfaktoren von Unternehmensnetzwerken und netzwerkinternes Benchmarking. In: Bertelsmann Stiftung (Hrsg.), Unternehmensnetzwerke – Fragen der Forschung, Erfahrungen aus der Praxis, Bielefeld 2004, S. 84–95.
Doleski, O.D. (2012). Geschäftsprozesse der liberalisierten Energiewirtschaft. In: Aichele, C. (Hrsg.), Smart Energy – Von der reaktiven Kundenverwaltung zum proaktiven Kundenmanagement. Wiesbaden: Springer Vieweg, S. 115–150.

O. D. Doleski, K. Lorenz (Hrsg.), *Energie der Alpen*, essentials,
DOI 10.1007/978-3-658-08383-0

Doleski, O.D. (2014). Integriertes Geschäftsmodell – Anwendung des St. Galler Management-Konzepts im Geschäftsmodellkontext. Essentials, Wiesbaden: Springer Gabler.

Doleski, O.D., Aichele, C. (2014). Idee des intelligenten Energiemarktkonzepts. In: Aichele, C., Doleski, O.D. (Hrsg.), Smart Market – Vom Smart Grid zum intelligenten Energiemarkt. Wiesbaden: Springer Vieweg, S. 3–51.

Europäische Kommission (2013). Bericht der Kommission an das Europäische Parlament, den Rat, den Europäischen Wirtschafts- und Sozialausschuss und den Ausschuss der Regionen zum Mehrwert makroregionaler Strategien. COM (2013) 468 final. Deutsche Übersetzung des englischen Originals.

Europäische Kommission (2014). Eine EU-Strategie für den Alpenraum (EUSALP) – Konsultationspapier. Deutsche Übersetzung des englischen Originals. http://ec.europa.eu/regional_policy/consultation/eusalp/pdf/core_doc_de.pdf. Zugegriffen am 16. Okt. 2014.

Europäisches Parlament (2013). Verordnung (EU) 347/2013 des Europäischen Parlaments und des Rates vom 17. April 2013 zu Leitlinien für die transeuropäische Energieinfrastruktur. http://eur-lex.europa.eu/legal-content/DE/TXT/PDF/?uri=CELEX:32013R0347&from=DE. Zugegriffen am 02. Okt. 2014.

Gloersen, E. et al. (2013). Strategieentwicklung für den Alpenraum (Abschlussbericht). Gemeinsames Technisches Sekretariat Europäische Territoriale Zusammenarbeit Alpenraumprogramm 05/2013.

Glückler, J. (2012). Organisierte Unternehmensnetzwerke: Eine Einführung. In: Glückler, J. et al. (Hrsg.), Unternehmensnetzwerke: Architekturen, Strukturen und Strategien. Berlin, Heidelberg: Springer Verlag, S. 1.

Gochermann, J. (2014). KMU als erfolgreiche Akteure in Innovationsnetzwerken – Anforderungen an die Gestaltung von Organisationsstruktur und -kultur. In: Büchler, J.-P., Faix, A., Müller, W. (Hrsg.), Innovationserfolg – Management und Ressourcen systematisch gestalten. Pieterlen (CH): Peter Lang Verlag, in Druck.

Gochermann, J., Bense, S. (2009). Netzwerke innovativer Unternehmen und Einrichtungen – Wie man als Forschungseinrichtung Netzwerke nutzen kann. In: Archut, A. et al. (Hrsg.), Handbuch Wissenschaft kommunizieren. Berlin: Raabe Fachverlag, Februar 2009, Kapitel I 2.3. S. 1–16.

Knauer, S. (1999). Europas größtes Turngerät. Der Spiegel. 8/1999, S. 224–232.

Manger, D. (2007). Unblocking Regions – Wie ein regionales Netzwerk entsteht. Dissertation, TU Berlin.

Müller, C., Schweinsberg, A. (2012): Vom Smart Grid zum Smart Market – Chancen einer plattformbasierten Interaktion. WIK Wissenschaftliches Institut für Infrastruktur und Kommunikationsdienste, Diskussionsbeitrag Nr. 364, Bad Honnef.

Osterwalder, A., Pigneur, Y. (2011). Business Model Generation. Frankfurt am Main: Campus.

Poplin, A. (2011). Games and Serious Games in Urban Planning: Study Cases. In: Murgante, B. et al. (Hrsg.), Computational Science and Its Applications – ICCSA 2011, Berlin Heidelberg: Springer. https://www.hcu-hamburg.de/fileadmin/documents/Professoren_und_Mitarbeiter/Alenka_Poplin/Poplin_article_CTP_2011_final.pdf. Zugegriffen am 02. Okt. 2014.

Regionale Planungsgemeinschaft Oderland-Spree (2014). Energie bei uns. http://ols.energiebeiuns.de/dito/explore?action=pollingshowpoll&id=44. Zugegriffen am 02. Okt. 2014.

Rübel, J. (2014). Die CIPRA muss denen in Brüssel auf die Füsse treten! SzeneAlpen, 99/2014, S. 4. http://www.cipra.org/de/publikationen/szenealpen-99. Zugegriffen am 19. Okt. 2014.

Schnelle, K., Voigt, M. (2012). Energiewende und Bürgerbeteiligung: Öffentliche Akzeptanz von Infrastruktur-Projekten am Beispiel der „Thüringer Strombrücke". DAKT e. V. und Heinrich-Böll-Stiftung im Auftrag von Germanwatch. https://germanwatch.org/fr/download/4135.pdf. Zugegriffen am 02. Okt. 2014.

Sydow, J. (1992). Strategische Netzwerke. Evolution und Organisation. Wiesbaden: Betriebswirtschaftlicher Verlag.

Vrevc, S. (2014). Grosse Bühne mit vielen Akteuren. SzeneAlpen, 99/ 2014, S. 8–9. http://www.cipra.org/de/publikationen/szenealpen-99. Zugegriffen am 19. Okt. 2014.

Wirtz, B.W. (2011). Business Model Management. Design – Instrumente – Erfolgsfaktoren von Geschäftsmodellen. 2. Aufl. Wiesbaden: Gabler.

Wülser, B. (2014). Man hat den Raum gefunden, aber noch nicht die Werte. Interview mit Bernard Debarbieux. SzeneAlpen, 99/2014, S. 4. http://www.cipra.org/de/publikationen/szenealpen-99. Zugegriffen am 19. Okt. 2014.